U0155732

科学变美的

100个基本

J
小姐

著

北方文艺出版社

图书在版编目（CIP）数据

科学变美的100个基本 / J小姐著. —— 哈尔滨：
北方文艺出版社, 2020.2（2020.5重印）
ISBN 978-7-5317-4700-0

Ⅰ. ①科… Ⅱ. ①J… Ⅲ. ①皮肤 – 护理 – 基本知识 ②服饰美学 – 基本知识
Ⅳ. ①TS974.11②TS941.11

中国版本图书馆CIP数据核字（2019）第276489号

科学变美的100个基本
KEXUE BIANMEI DE 100GE JIBEN

作　者 / J小姐
责任编辑 / 富翔强　　　　　　　　　装帧设计 / WONDERLAND Book design
　　　　　　　　　　　　　　　　　　　　　　　　仙境 QQ:344581934

出版发行 / 北方文艺出版社　　　　　　邮　编 / 150080
发行电话 /（0451）85951921　85951915　经　销 / 新华书店
地　址 / 哈尔滨市南岗林兴街3号　　　　网　址 / www.bfwy.com
印　刷 / 朗翔印刷（天津）有限公司　　　开　本 / 880×1230　1 / 32
字　数 / 160千　　　　　　　　　　　　印　张 / 9.5
版　次 / 2020年2月第1版　　　　　　　印　次 / 2020年5月第2次印刷
书　号 / ISBN 978-7-5317-4700-0　　　定　价 / 69.80元

序　拥有科学变美观，是变美的第一步

"科学"这个词你一定不陌生，我们经常在质疑一些事情的时候脱口而出"这不科学"呀！

但是我们有没有想过，到底什么是"科学"呢，科学又如何能和"变美"关联到一起呢？

下面J小姐为大家分析一下：

科学是我们了解这个世界的一种方式，它有一个极简但是充满魅力的定义：

让主观认知符合客观事实。

主观认知是什么呢？就是我们对事物一些直观的看法、认识、结论。

拿我们经常敷的面膜来说吧，看到面膜的营养液黏稠，就觉得它比稀薄的更有营养，这就是你的主观认知。

客观事实是什么呢？就是事物本质的属性、关联、规律。

比如实际上面膜的"营养"并不表现为黏稠还是稀薄，只是因为女性有这样的主观认知，商家就会添加些增稠剂来利用女性的主观心理。

说到这里，你是不是更理解"科学"的定义了。

我们可以简单地理解为，如果你的"想当然"和客观事实是违背的，就是不科学。

比如面部去角质，你也许会主观地认为去掉了角质的皮肤会更细、更白，护肤品能更好吸收。而客观事实是，角质是皮肤的重要组成部分，是一种屏障，过分去角质会损害皮肤的屏障，让皮肤变敏感。这就是"不科学"带来的大坑。

还有女性非常关注的减肥，有些人总是主观地认为减肥是减重，只要体重快速变轻了，就非常开心，觉得减肥成功了。而客观事实是减肥是要"减脂"，是需要制造热量差、提高基础代谢能力。快速的体重下降大多减的是肌肉和水分，留下松垮垮的肥肉，得不偿失。

日常的穿搭也是如此，想当然地认为显高就得穿高跟鞋、想显脸小就得用头发遮住脸，但事实上人眼视觉扫描的是一种比例关系，如腿身比、头身比等。如果不经考虑就穿着厚底高跟鞋，会让人觉得变笨重了；不经处理就披着头发，会让头在视觉上变大，比例失调。

详细说起来，女孩子在变美的路上，充满了大大小小的伪科学的坑，轻则无效、费钱费精力，重则带来伤害或丧失对自己的信心。

所以拥有一个科学的变美观，是变美的第一步。

我用近10年时间钻研，研读了美学、哲学、进化学、心理学、人体学、时尚史、服装设计等一百本以上的源头书籍。

从人的心理、一般共识、视错觉、大脑信息存量等入手，用建筑学模型思维，总结出一套科学变美的方法论，帮助万名女性实现蜕变，提升了对美的认知。

这本书呢，我用100个基本点的形式为你呈现，方便你对应变美路上的阻碍、查找解题思路。

希望这本书不只是一本变美书，也能让你更进一步思考：那些我本能想到的解决方案，是不是都不够科学呢？从而，成为一个使用科学思维方式的人。

最后，祝你又美又厉害！

○ 美不是天赋，是技术

第三章

气质的11个基本
拥有迷人气质，散发挡不住的光芒

第四章

彩妆的7个基本

迷人妆容，演绎令人心动的你

第五章

发型的4个基本

头发，惊艳别人的第一眼

展示力篇

第六章

表情管理的6个基本
收放自如，让你每时每刻都优雅

第七章

色彩搭配的2个基本
不一样的颜色，不一样的美

第八章

服饰的30个基本
精准穿搭，要美就要美全套

科学变美的 *100* 个基本

第九章

内心的11个基本

生机勃勃的你，才是闪闪发光的你

能量场篇

形象力篇

形象就是我们向别人展示的自己，是先于语言的表达力。别人用我们的形象识别我们的性格、行为、能力，推导将要发生的场景。

第一章

形象的4个基本

美好的形象，是一封公众推荐信

01

形象的表达能力：给对方识别你的资料

我们都听过这样一句话：你的形象价值百万。

形象真的能够帮助我们链接人脉、升职加薪，带来"变现"的机会吗？可能很多人心里会有这样的疑问。

下面，我们来看这样一个案例。

当下页左图中的这个姑娘出现在你面前时，你可能会觉得她很朴素。

的确，在现实中，我们可能会根据她的打扮和气质来猜测、判断她的职业、生活状态以及社会阶层。

如果一个衣着随意，形象、气质较差的人与你商谈百万级别的项目，你是否会谨慎面对？

但如果她以下页右图中的形象出现，和她建立信任的时间是否会缩短很多？

你可能会说，我们不能以貌取人。但正因为我们从小被教育不能以貌取人，才说明这种观念已经深深地刻在了我们的本能中，无法

◈ 朴素的形象

◈ 精干的形象

科学变美的 *100* 个基本

回避。

当下，我们之所以会越来越以貌取人，是因为信息量暴增，人们的注意力反而成了稀缺资源，所以人人都希望用最短的时间了解更多信息。可以说，时间越稀缺，形象越重要。

当然，这并不是说形象有好坏之分，因为形象只是一个表达工具，是你在不同场景下介绍自己的工具。

以上页左图为例，当这个姑娘需要展示朴素或勤恳的一面时，可能这个形象更适合。

很多姑娘对于形象存在误区，恰恰因为没有清晰的目标，不明确自己的诉求。要改变这种现象，我们一定要知道自己想要向这个世界、向他人宣告什么，究竟是热爱、自知、接纳，还是消沉、混乱、封闭？

形象就像语言，把我们的认知、思维和态度表达得一清二楚。

形象就像简历，在短时间内向别人展示自己，让对方识别我们。

形象就是我们向别人展示的自己，是先于语言的表达力。别人用我们的形象识别我们的性格、行为、能力，推导将要发生的场景。

我希望在读完这本书之后，你可以对形象有一个新的认知，"对症下药"地打造出最适合自己的得体形象。

02

形象的三个组成：外貌+展示力+能量场

形象是什么？形象不只是外貌这种"硬件条件"，还有很多我们可以控制的"软件条件"，比如展示力和能量场。

形象组成		
外貌：颜值、身材	—	偶像派
五官、身材、皮肤、头发		
展示力：打扮、仪态	—	演技派
姿态、表情、眼神、声音、穿搭、场景构建		
能量场：自我接纳度、表达力	—	教主派
自信/自卑 舒展/畏缩 共情力、气场扭曲力		

科学变美的 *100* 个基本

❶ 外貌

外貌包括颜值和身材。颜值可细分为五官、身材、皮肤、头发等。

很多人在追求形象时，将80%的精力都花在了外貌上，但其实外貌的改造是有天花板的，反而是展示力和能量场更重要。

比如，我们看到一个容貌出众的姑娘，但她给人的印象却很刻薄、无知，我们自然不会认为她很美——因为美在大多数人看来是一种源于心灵的感受。

❷ 展示力

展示力包括两部分：打扮和仪态。我们都知道打扮，但对仪态却知之甚少。这里的仪态指通过声音、姿态、表情、眼神、动作等去表达自己。

如果把天生丽质的姑娘比喻成偶像派，那展示力强的姑娘就是实力派，她们更懂得如何展示自己。

我们看一个人，先看到的是她的展示力，然后才是外貌。所以在我们看来，虽然有些姑娘颜值高、身材好，但展示力不足，弓腰驼背、表情纠结、眼神畏缩，看上去依然不美。

❸ 能量场

能量场就是能让人感受到的氛围。

我们和人接触时，最先感受到的就是她的能量场，然后才会注意到对方的展示力和外貌。如果给别人的感觉很好，对方也不会太在意我们的外貌。所以，提升能量场可以帮助我们优化在别人心中的形象。

想要提升能量场，首先就要学会接纳自己，不苛责自己。因为对自己不满的情绪会蚕食我们对生活的热爱，让"存储"在我们的能量场中的负面形象被他人识别到。

提升能改善的部分，接纳不能改变的部分，发展展示力和能量场，就能打造独一无二的自己。

提升能量场措施

不能改变的	能改变的	改善措施
身高	视觉匀称挺拔感	形体矫正
骨架大小	胖瘦	减肥
胫骨的长度	面部的肌肉舒展度	表情管理
面部骨骼分布	面部对称度	改善不良姿态
皮肤底色	皮肤通透度	护肤化妆
五官的形状	气质	提高自信度、修炼气质
眼睛的大小	眼神	释放内在能量

03

明确遇到的形象问题：列出专属模卡，制订解决方案

现在，你已经知道了形象的定义和组成，在进入本书解决方案模块之前，还要先明确你在形象中遇到的问题和诉求。

这里为你提供一个表格，读到相关的基本点就进行记录，等到本书读完之后，你的个人形象模卡也就建立好了，带着这个模卡再去逛街、购物，你的眼光就会越来越精准。

首先是你的个人形象模卡，在读完本书"模卡的建立"板块后填充进去，你对自己的了解就会更客观。

正面半身照

侧面半身照

正面全身照

背面全身照

侧面全身照

科学变美的 *100* 个基本

个人形象模卡

身　　高：＿＿＿＿＿＿＿＿＿＿＿＿＿＿＿

体　　重：＿＿＿＿＿＿＿＿＿＿＿＿＿＿＿

气　　质：＿＿＿＿＿＿＿＿＿＿＿＿＿＿＿

颜值优点：＿＿＿＿＿＿＿＿＿＿＿＿＿＿＿

颜值缺点：＿＿＿＿＿＿＿＿＿＿＿＿＿＿＿

身材优点：＿＿＿＿＿＿＿＿＿＿＿＿＿＿＿

身材缺点：＿＿＿＿＿＿＿＿＿＿＿＿＿＿＿

主场表达：＿＿＿＿＿＿＿＿＿＿＿＿＿＿＿

客场表达：＿＿＿＿＿＿＿＿＿＿＿＿＿＿＿

购衣执念：＿＿＿＿＿＿＿＿＿＿＿＿＿＿＿

常用场合：＿＿＿＿＿＿＿＿＿＿＿＿＿＿＿

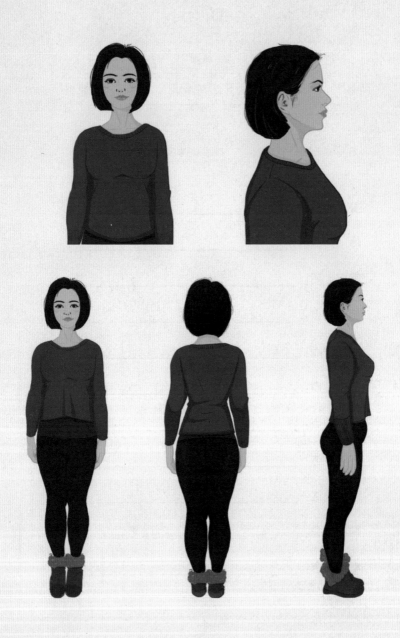

科学变美的 *100* 个基本

个人形象模卡示意图

身　　高：164厘米

体　　重：58公斤

气　　质：天鹅混狐狸①

颜值优点：面部均匀、五官比例佳、平和、舒展、眼睛有神采

颜值缺点：下半脸赘肉、眼睛略下垂、眉眼距略大、精致不足
　　　　　易显得土气

身材优点：曲线感强、腰细、正态比例

身材缺点：过曲、腰腹赘肉、腿略短、胸过大

主场表达：知性、优雅、女人味

客场表达：妩媚、明艳

购衣执念：喜欢减龄、清新元素、马卡龙色、花哨设计

常用场合：普通着装要求的职场、休闲商务场合、闺密聚会

---

① 具体气质类型参见作者的另一本书《气质：变美从来不靠长相》。

接下来是你的服装属性模卡。在读完"服装板块"后，你需要检查你的衣柜，并完成此表格，这样你就能分析你的着装特点，找到你的购衣执念，更清晰地了解你到底需要补足哪类服装。如此，你才能拥有一个精致的、有风格的衣橱。

服装基本属性模卡

现有服装照片

面料感受：_____

颜色属性：_____

图案元素：_____

版型类型：_____

表达方向：_____

搭配能力：_____

同样，这里为你列举一个示意图，可以把上、下装分开，进行不同标识。你可以用A1、B2这种方法组合出日常搭配的公式。

科学变美的*100*个基本

面料感受：软硬适中、挺括、垂坠、飘逸

颜色属性：模糊、艳丽、轻柔

图案元素：花朵、几何、抽象

版型类型：随型、A/H/O/T/X

表达方向：可爱、温柔、干练

搭配能力：单穿、可内搭、可外穿

04

外貌的共性追求：年轻且有生命力

"衰老"是大部分女性所恐惧的，一方面这是刻在我们基因中的本能；另一方面，这是当下意识形态的审美潮流。

所以"显年轻"几乎是所有女性对外貌的共性追求。

但是，如果仅仅是因为想显年轻，就穿一些鲜艳的衣服，或者留齐刘海儿，或者直接将一些年轻的外部元素堆砌到自己身上，反而更容易让人感觉"装嫩"。

那么，"年轻"到底要如何展示呢？

我们要先了解它的本质——年轻的本质是身姿挺拔、皮肤细嫩有光泽、头发乌黑、唇红齿白。

所以，显年轻的本质，其实就是要展示生命力。

具体来说分5点：

科学变美的 *100* 个基本

❶ 健康的毛发，暗示生命动能

很多姑娘不舍得剪掉养了许久的长发，但事实是——发尾已经发黄、开叉，干枯毛糙，毫无美感。所以，我们不要留恋头发的长度，而是要保持它健康的状态。

❷ 红润的嘴唇，暗示心脏机能

这就是为什么很多女孩对口红都非常执着的原因——红润的嘴唇暗示着生命动能。

❸ 亮泽的皮肤，是年轻态的象征

很多姑娘对于皮肤的追求很简单——白。肤白无疑符合当下大众的审美，甚至有句话这样说——"一白遮百丑"。但其实皮肤有亮泽度才是年轻态的象征。

❹ 挺拔灵活的体态，暗示骨骼力量

想象你在街上走着，如果看到前面一个年轻的姑娘弓腰驼背，走路没有力量，是不是给你一种走向衰老的颓丧感？所以，日常生活中，不管是坐、卧，还是行走，我们都要昂首挺胸，保持笔挺的姿态。

❺ 明亮的眼睛，暗示压力值

当一个人的压力到达一定程度时，眼睛多半是暗淡的。而且随着阅历的增长，很多人的眼神会发生变化。我们可以通过保持积极的心态，以及保持对这个世界的好奇心和探索欲来调整我们眼睛的明亮度。

现在你可以拿起手机，拍两张照片，一张眼睛松弛不发力，一张眼睛发力并注入神采，然后再对比一下，是不是感觉立刻年轻了10岁呢？

所以说，想要显年轻，不仅是要在外表上的调整，还要对年轻"态"进行调整。这种"态"，指的就是整体向上的生命力。

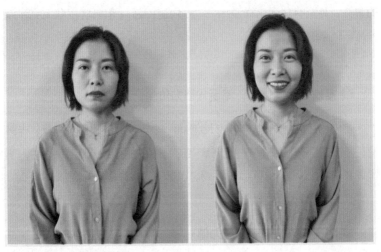

◈ 精神面貌影响年轻程度

科学变美的 *100* 个基本

第二章

保养的16个基本

逆转时光，一天比一天更年轻

05

防晒：是一切保养的基础

对于晒黑、晒伤的危害，我们在此就不再赘述了。防晒的关键是"光老化"问题。也就是说，如果防晒做得不够好，皮肤会出现色斑、深皱纹、干燥、萎缩等"光老化"现象，甚至会有病变发生。

光老化

深皱纹	松弛
色斑	萎缩
肤色不佳	"皮革样"外观
干燥	弹性组织变性
毛细血管扩张	光化性紫癜
癌前病变	

自然老化

松弛	皱纹
良性肿瘤	

⬣ 左边为自然老化，右边为光老化

科学变美的 *100* 个基本

关于防晒的错误认知

通常，大家都觉得做防晒是因为怕晒黑，有些皮肤比较脆弱的姑娘甚至还会出现被晒到红肿、爆皮等情况。

我们从上页图可知——晒伤比晒黑更可怕，所以，日常防晒时，对"光老化"的防范更加重要。只要有太阳光，不论阴晴，不分四季，我们都要做好防晒工作。因为哪怕是阴天也是有紫外线辐射的。

我们做防晒时还经常忽略掉眼睛，但其实日晒会使眼白生出黄斑。同时，因为眼睛有自我保护功能，遇到强光会不自觉地眯眼睛、皱眉，这些动作正是产生眼角纹和川字纹的元凶。

所以，眼睛防晒也是必不可少的，我们可以通过佩戴太阳镜等来防晒。

日常防晒方法

① 选择适合自己的防晒产品。我们可以根据自己的肤质买一款自己涂抹后感觉比较舒适的防晒产品，认准正规品牌就行。

最重要的是，我们的防晒意识一定要强，一年四季都要记得涂防晒产品，即使是在室内，只要有光照，同样也要涂防晒霜，而且还要根据防晒霜的有效时长进行补涂。

② 四季佩戴太阳镜。很多人只把太阳镜作为一个时尚装饰品，其实，相比在眼周涂防晒霜，太阳镜才是眼部防晒的神器，所以我们外出时同样需要佩戴。

③ 夏季使用遮阳伞。夏季，太阳照射更严重，所以除去基本的防晒工作，我们还要使用遮阳伞。遮阳伞的遮盖面积比较大，是日常很好的防晒工具。

④ 防晒服+帽子。如果我们经常有户外运动，这个时候就要记得穿防晒服和戴帽子，运动起来也很方便，对行动几乎没有任何影响。

这些都是适合我们日常生活的基础防晒方法，如果遇到特殊情况，比如去我们不熟悉的紫外线强烈的地区，或者有些人有光过敏等皮肤疾病，就需要视具体情况来做防晒工作。

科学变美的 *100* 个基本

06

保湿：封存水分，比补水更重要

日常生活中，我们经常把补水和保湿放在一起说，所以感觉补水和保湿好像是一件事情。其实不然，补水和保湿的作用对于皮肤来说是完全不同的。

保湿比补水更加重要，因为它是让我们的角质保存有水，防止里面更多更深层的水分蒸发出来，有封存水分的作用。

过度清洁也是保湿误区。我们人体皮肤其实是有天然保湿系统的，主要由水、脂类、天然保湿因子组成。脂类主要作用是形成水屏障，防止水分丢失。也就是说，我们的皮肤其实是自带着一层保湿霜的。

但是，如果你平时过度清洁——去角质、不防晒——就有可能失去这层脂膜，最终导致皮肤锁不住水。

我们在日常生活中，因皮肤清洁、气候、自然环境、皮肤属性、不良的饮食作息习惯等原因，会使得皮肤天然保湿结构失去平衡，因此需要主动对皮肤做保湿工作。

那么，面对众多的保湿产品，我们该如何选择呢？

💿 保湿类产品的选择

使用保湿类产品的时候，我们要依据自己皮肤的感受来判断，如果使用后皮肤感觉很舒适，那么这款产品就是适合自己皮肤的。相反，如果涂抹后皮肤有刺痛等不适感，就说明这款产品不适合自己的皮肤。

任何人都没有我们的皮肤更了解自己，它会给你最直观的反馈，这里也建议姑娘们选择使用那些已经售卖10年以上，并且口碑不错的保湿产品。因为经过大量实际使用的产品一般会非常安全，经过很多人的验证，不太会出现不良反应。

除去勤用外在保湿产品以外，日常生活中保持良好的生活习惯也同样重要。饮食清淡，作息规律，定时运动……这些都可以帮助我们塑造出健康、通透的皮肤。

—07—
美白：贵在持之以恒

常见的美白误区

美白这件事具有局限性，如果你自身的肤色就较为暗淡，那么再好的美白方法对你也是无用的。

除去天然的局限，每个人的美白程度也各有差别，可参照自身胳膊内侧，大腿内侧这些无法被太阳晒到的地方。通常来说这些区域的美白程度，便是我们日常美白能做到的极限了。

变黑的罪魁祸首

皮肤的颜色主要由黑色素的多少决定的。当人体受到紫外线照射时，机体会生成黑色素来进行自我保护。因此，在日常生活中，我们务必要做好防晒工作，避免长时间接触紫外线照射。

但是，即使准备得再充分，我们也还是会被晒黑，那晒黑后该如何变白呢？面对如此种类繁多的美白产品，我们到底该如何选择呢？

正确选择美白产品

首先，我们要接受先天性肤色暗淡的这个现实情况。现今的美白方法对先天性皮肤暗淡并没有什么特效作用，我们在这里所讲的美白，仅针对晒黑、色沉、面色不佳等后天问题。

目前，抑制皮肤中黑色素形成的主要手段有三种：

① 抑制黑色素生成。这类美白产品主要成分有对苯二酚、熊果苷、曲酸、维生素C等，含有这些成分的美白产品可以有效抑制黑色素的生成，同时也适合晒后色素沉淀而导致肤色变暗的姑娘们。

② 抑制黑色素沉积。这类美白产品主要成分以烟酰胺为代表，比较适合面色发黄、肤色混合不均匀、油性皮肤，肌肤较为敏感的姑娘们要谨慎使用，避免皮肤过敏。我们在选择这类美白产品时，尽量选择售卖时间久、口碑好的大牌产品。

③ 加快黑色素代谢。这类美白产品主要成分为果酸、水杨酸、维生素A酸等，适合皮肤角质厚、油性、代谢不佳的姑娘使用，在使用时要注意浓度，如果有焕肤需求，请在医生指导下进行。

美白是场持久战，虽然说皮肤正常的更替周期是28天，但是，受种种因素影响想要达到美白效果，时间往往要超出28天。切记不可为了追求所谓奇效而铤而走险，胡乱尝试美白产品。

我们要谨记——保持愉悦放松的心态，注意清淡饮食，避免熬夜，勤运动，才是健康皮肤代谢的基本。

08

抗衰：做好这3点，就可以逆转时光

抗衰的底层逻辑

首先，我们来看一下人体的面部结构。

人体的面部从外到内依次是皮肤层、皮下脂肪层、筋膜层、肌肉，最后是骨骼。如果肌肉可以牢牢附着在骨骼上，就能从根本上解决面部下垂的问题。

  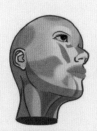 

皮肤层　　　　皮下脂肪层　　　　筋膜层　　　　肌肉

⚑ 皮肤结构分析

我们都知道，健身可以有效预防皮肤的松垮和肌体的衰老，同时也能让我们保持身材挺拔、线条优美，避免弓腰驼背等错误体态。这个逻辑同样适用面部肌肉。

附着在骨骼上的肌肉层塑造了我们的面容，如果我们可以有效地纠正因不良表情而引发的肌肉错误发力，便可以帮助我们实现抗衰的目的。

常见的不良表情

你可以拿出手机，录制一个自然状态下与朋友聊天的视频（5分钟），观察自己在聊天中有没有不经意地挑眉、皱眉动作，以及笑的时候鼻翼两侧是否会被拉动、露出牙龈、嘴唇内收，高频率眨眼，等等。

这些错误发力的不良表情是导致川字纹、鼻翼拉横、眼睑松弛下垂、法令纹等面部问题的根源。

即使发现自己全部中招，也不必过于担心，只要及时纠正，让面部肌肉回归到有序的运动之中，就能够有效地延缓面部衰老。

抗衰有术

① 防晒　防晒的作用要大于涂各种精华产品，一定要坚持防晒，延缓光老化。

② 表情管理　不良的表情会使肌肉过于紧张，失去应有的柔韧支撑力。所以我们可以通过适度地按压，使相应的面部肌肉放松，恢复皮肤的柔韧支撑力。

 心态好是抗衰老的关键

形象力篇

🖊 心态调节

衰老是必然会到来的。然而，我们不必过分为自然规律而焦虑——每一个年龄段有每个年龄段的美。

就像上页图中的学员蔚蓝姐，她已经45岁了，但整体看上去依然很美——优雅、自信又从容。包括我们都熟知的郑念女士，她在八十多岁时，虽然面部有了皱纹，但眼睛依然很明亮，且身姿挺拔，气质优雅，给人的感觉非常美好。

看到这些"老而不衰"的例子，老又有何惧呢。

我们完全可以做到不惧年龄，从心态上接受它，在此基础上发挥自己最大的努力去抗击它！

09

常见皮肤问题解决方案：祛斑+祛痘+过敏，怎么办

✿ 祛斑

第一种是色素沉淀类的斑。

色素沉淀类的斑比如雀斑、日晒斑等，这类斑点不能通过涂抹护肤产品解决。通过前文我们已经知道，皮肤是不会主动吸收的，因此美白类的护肤品对皮肤的渗透作用非常有限。如果想要快速祛斑，最高效的方式就是通过医美手段解决。

现在，临床上激光、点阵等手段已经非常丰富，技术也较成熟，对色素沉淀类斑点作用明显，是目前最直接且安全高效的解决方式。

第二种是黄褐斑。

黄褐斑不能通过医美祛除。医美的祛斑技术只是帮助皮肤快速代谢掉色斑的黑色素，而黄褐斑的成因因人而异，它只是我们身体内分泌上的问题通过皮肤投射出的一种表现。目前的医美手段还不能够解决黄褐斑这一类皮肤问题，主要依靠内在调养。

祛痘

痘痘的成因有很多，在确定自己脸上的痘痘的类型之前，不建议通过在网络上搜索信息自行判断，更不要随便去用一些祛痘、抗痘产品。如果长了痘，应该去正规医院看医生，了解自己痘痘的成因及类型，医生会给出对应的治疗建议。

祛痘其实就像保养一样，是个长期的事情，很难根治，所以心态上要放平和。等我们到了一定的年龄，激素水平也非常稳定了，这时候就不会再有祛痘、抗痘问题了。

日常防护时，如果脸上长的是非敏感型痘痘，可以用水杨酸2%的产品来治疗。

脱敏

一旦发现自己的皮肤有过敏现象时，一定要先去测试过敏原，然后切断这个过敏原。日常生活中我们也要给皮肤做好充分的防护，比如戴口罩、擦防晒霜等，防止皮肤暴露在空气粉尘中，继续恶化。

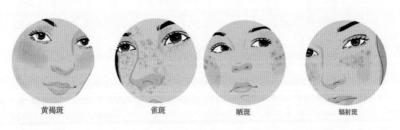

黄褐斑　　　雀斑　　　晒斑　　　辐射斑

⚫ 皮肤常见的问题示意图

10

识别护肤谣言：对这些护肤方法说NO

常见毁脸的护肤误区

❶ 过度清洁

很多人说脏东西会堵毛孔，这些其实都是广告营销的噱头。

我们的皮肤进化了这么多年，已经有了一套自洽系统，它上面是有一层天然保护的油脂层。如果我们过度脱脂的话，皮肤就会完全暴露在未防护的环境当中，反而对我们的皮肤伤害更大。

❷ 一天敷一张面膜

这种方式非常破坏我们的皮肤屏障。我们可以这样——将皮肤想象成是一个人，她每天都遵循自己的规律去干活，完全可以自给自足，你也会适当地给她一点帮助，比如说每隔三天辅助她补水，达到一个渗透压的平衡，然后再给她点营养物质，她会欣然接受的。

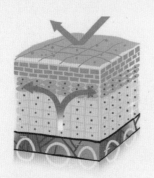
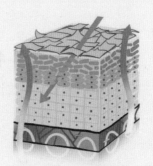

☑ 健康皮肤屏障结构　　　　　　☒ 受损皮肤屏障结构

■ 肌肤长时间保持水润　　　　　■ 肌肤水分过多蒸发
■ 肌肤能抵御外界侵害　　　　　■ 肌肤受到细菌、化学物质侵入
■ 肌肤光泽、有弹性　　　　　　■ 肌肤暗沉、自我保护能力被削弱

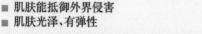
⬥ 健康皮肤屏障结构、受损皮肤屏障结构对比图

但是如果你天天给她补充养分，她会怎样？她会消极怠工。

一旦每天都这样做的话，你皮肤的屏障慢慢就会失效。所以，千万不要一天接着一天的去频繁敷面膜，它会让我们的皮肤变得消极、脆弱。

❸ 暴晒以后贴贴式面膜

经过暴晒后，我们的皮肤会变薄、缺水，而贴式面膜恰恰是通过密封的方式让皮肤的正负压失调，使皮肤反吸收进去一些物质。所以，暴晒后贴贴式面膜会更加损坏皮肤屏障，让皮肤状态雪上加霜。这时，你可以选择涂一层芦荟胶镇静皮肤。

🌀 护肤品的挑选

① 肤感第一。挑选护肤品的第一原则——护肤品涂上去皮肤既不觉得油，也不觉得干，也不觉得难以涂开，感觉很舒服。

② 日常清洁、保湿、防晒三件套即可。当下商家为了营销会制造各种新产品，但是日常我们的皮肤只要保证基本清洁、保湿封层，隔离紫外线就足够了。

③ 选择十年以上的经典产品。建议护肤品选择已经在市场上销售了十年以上的经典产品。对于一些新出来的品牌不建议大家去尝试。

④ 最有效的护肤品是好心态、好作息、坚持运动。如果你的心态很好，作息很规律，日常做好清洁、保湿和防晒等工作，皮肤状态就会很好了。

——11——

医美选择：可行与不可行的项目

🌀 日常性价比高的医美项目

❶ 改善最大、最有效的牙齿正畸

牙齿整齐是人类脱离原始状态的重要指标。原始人是使用牙齿当工具的，所以导致牙齿比较突出，下颌骨非常宽大。如果牙齿严重不整齐，我推荐你去做牙齿正畸。

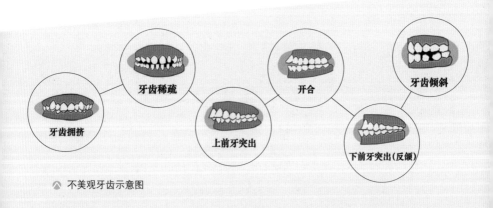

⚆ 不美观牙齿示意图

科学变美的 *100* 个基本

❷ 有效性非常好的眼睑重塑

割双眼皮手术除了能让单眼皮变双眼皮以外，而且如果你的眼匝肌松弛了，也可以通过这项技术，达到眼部皮肤紧致的效果。

◈ 眼睑重塑示意图

✑ 非必要一定不要做的医美项目

① 鼻子 鼻子的结构很复杂，它是我们面中部的挑高部分。做出自然好看的效果概率非常低，生活中完全可以通过化点鼻影起到修饰鼻子的效果。

② 削骨 骨骼相当于你皮肤的承重墙，支撑你的皮肤不下垂，就像房子中支撑房梁的墙。如果把它拆掉了，房子就会变得非常危险。

③ 大面积填充玻尿酸 大面积填充玻尿酸会导致皮肤和肌肉层空腔，类似刚刚生产完的产妇的肚皮，会很松懈，而且如果填充不当，还会导致面部浮肿。

✑ 高效安全、技术比较成熟的项目

① 光子嫩肤 光子嫩肤可以让我们的面色亮一些，帮我们改善一些更底层的、还没有冒出来的色斑。但是，我们不要对它抱有很高的期望，指望它能解决什么已经发生的皮肤问题，它只能帮你维持现在的皮肤状态。

② 射频、红蓝光和脱毛 射频可以让面部皮肤下的筋膜层往上提拉，让面部皮肤更紧致。红蓝光可以祛痘和去痘印，促进皮肤胶原蛋白再生。

将玻尿酸注入皮肤内　　　玻尿酸锁住皮肤水分　　　塌陷的部位立即被
　　　　　　　　　　　增加了皮下组织的容量　　填补恢复，呈现饱满的状态

▲ 填充玻尿酸示意图

🖋 性价比比较低，要视情况而选的项目

① 埋线　如果你的下颌较松，去埋一些大线是有提拉效果的。但如果是苹果肌松弛了，埋线是没有作用的。

② 超声刀　超声刀虽然效果立竿见影，但是持续的时间不长。

③ 水光针　水光针的效果也是比较短的，而且容易把皮肤变消极。

🖋 有效但是使用起来有限制的项目

① 果酸换肤　皮肤油、毛孔粗大，而且容易长痘，这种皮肤最适用果酸换肤。但是如果你的皮肤本来就薄，而且很敏感，又容易长痘，就不能用果酸换肤，因为这会很容易造成皮肤损伤，得不偿失。

② 肉毒杆菌　肉毒杆菌是去皱的，但是只能去掉一些浅浅的皱纹。如果出现了很深的皱纹，由于要注射得比较深，就会影响面部肌肉的能动性，会给人一种假假的感觉。

③ 针对痘坑、痘印和毛孔粗大，最有效的是微针　微针的作用是让皮肤表层的受损细胞排列重组，它的恢复效果是最明显的。

科学变美的 *100* 个基本

12

护发：亮丽的头发是第一生命力

🌿 适宜头皮的水温

洗头发时的水温比任何护发产品都重要。很多姑娘喜爱用较热的水洗头，这其实是非常有害的。洗头发的水温要与体温差不多，只要能感觉到水是温的就可以了，因为热水会让头皮过度收缩，容易造成脱发。

🌿 洗完头及时吹干，且不要湿着梳头发

头发湿的时候梳头发会损伤头发毛鳞片。有的姑娘习惯洗完头发把头发包起来，这样会滋生很多细菌。还有人说头发自然干最好，这也是个误区。洗完头发后，要尽量用吹风机快速把头皮吹干，然后用常温的风把发丝吹干。在用吹风机时，逆着发丝吹风也是很伤头发的。

🌿 头发也需要防静电

尽量使用真丝枕套，让头发和枕套产生比较小的静电。

🌿 生发

现在有很多姑娘有发际线上移的现象，医美中的微针能够刺激毛囊再生，是目前治疗脱发比较有效果的。另外，我还建议你增加核心训练，即训练腰腹部力量。核心部位供给整个身体动力，能够把气血往上推，所以锻炼一下核心力量，有助于气血充足和血液循环的加速，也有益于头发增长。如果你的头发本身就比较少，除了尽量养护外，还可以通过佩戴假发或者假发片来改善。现在有很多真头发做的假发，看上去很自然。

🌿 让头发光滑柔亮

女孩子一定要记住，不要天天洗头。我们的头皮表层有一层跟面部一样的油脂，两三天洗一次头发就好，天天洗容易使头皮过度脱脂。除此之外，记得洗发时使用护发素，把这个头发天然油脂层"封层"。

🌿 经常按摩头皮

经常按摩头皮可以促进血液循环，对于脱发、头皮屑较多现象都有良好效果。

🌿 注意防晒

头发也要防晒，因为头发里面是有水分的，暴晒会让头发脱水。阳光强烈的时候要打伞或者戴帽子，不要让头发长时间暴露在阳光下。

13

护肌骨：展现昂扬向上的生机感

肌肉骨骼是人体的重要支撑，如果肌肉松弛，骨骼弯曲，整个人会呈现出一种佝偻的姿态，很容易将人和衰老联系到一起，所以一定要进行养护。

那么，应该如何养护好我们的肌骨，展现整体向上的生命力呢？我们可以从以下几项入手：

🌀 适度日晒，保证身体钙质

很多姑娘谈"晒"色变，担心日晒会变黑，带来长斑、光老化等问题。

事实上，除了有光过敏或光线性皮肤病的人群外，只要控制好日晒时间、时长和强度，选择裸露四肢，加强面部防护（墨镜、帽子及防晒霜），不但不会带来上述问题，反而有利于促进体内维生素D的合成，进而促进钙吸收，强健我们的骨骼。

有些姑娘会说补钙也有很多口服产品，其实这个作用不是特别大，补品的安慰剂效应更多一些。

◍ 坚持运动，维持肌体坚韧状态

生命在于运动，它是我们身体机能存在的一种最直观的反应。通过运动，我们整个身体的循环系统会更通畅，代谢能力更强，肌骨会更加坚韧、强健。

❶ 做好运动防护，免受损伤

运动之前要循序渐进地做好热身活动，使身体各关节、肌肉的柔韧度增加，同时注意保护轴承型的部位，如膝盖、手腕、肘部和脚踝等。如果有伤病，还要佩戴专业防护用具，为关节及肌肉分担外来的压力和冲击。

❷ 形体训练，保证身体正位感

很多人长时间低头看手机，单肩背包，单手提重物，葛优躺等，这些错误的姿势会使身体偏离正位，造成肌骨的负担，因此需要进行专门的形体训练来解绑错误的肌肉，使骨骼恢复中正位。

❸ 饮食结构合理，全面均衡，优质适量

可以摄入一些优质的蛋白，像鱼、虾、蛋等。记住一个原则——什么都不要摄入过量，不能觉得哪个好或者特别喜欢哪一个，就把它当成主食。糖、盐也都不要过量摄入，尽量均衡。给身体补充充足的能量，同时尽量减小它的代谢负担。

我们人体经过几千年的进化，本身已经达到了一个相对平衡和智能的状态，只要我们尽量维护它本来的样子，就能有很好的状态。

14

护心神：保持好心情，很重要

外貌的养护是多维的，除了外在保养，内在修为也不可忽视。

俗话说"相由心生"，心态好、情绪平和的姑娘大多都面容舒展，神采飞扬；而内心纠结、焦虑，充斥着负面情绪的姑娘，面部就有可能呈现拧巴、愁苦的状态。

所以说，养护好自己的心神，拥有好心情、好兴致，这是很重要的。好心情能让我们身体的代谢通畅，整个人的精神状态也蓬勃向上，呈现出年轻、有活力的状态。

我们可以从以下几方面入手来养护心神：

作息规律

避免熬夜，睡前半小时放下手机等电子产品，保证睡眠质量和时长。电子产品占用的不仅仅是你的时间，还有很多心力。

🍃 少操心，抬高"倒霉线"，积极看事情

"真倒霉，刚要出门就下起了大雨"，与其这样想，不如想"今天空气多清新、多湿润"。建立积极的心态，心情就会越来越好，好事也会越来越多。心情好了，容颜也会舒畅、好看。

🍃 进行冥想放松，缓解压力和焦躁情绪

我们都很善于让自己紧张，但是不善于让自己放松。放松不仅可以让我们把积累的疲劳清除掉，还可以使我们的身心获得一定程度的修复。

🍃 自我认同

只有认可了"我就是如此"，我们才不会把能量消耗在"我为什么如此"上面，才能把精力放在可改善的地方。忘记自己的年龄，关注内心的感受，对这个世界保持好奇和热爱，才会更容易保持活力。

15

正确呼吸：把控好变美第一步

我们时时刻刻都在呼吸，但是你可能从来没想过，呼吸不管对内在健康还是外在容貌，都有着非常大的影响。

呼吸如此重要，可我们大部分人却没有正确呼吸。不良的呼吸方式会造成形体问题，让面部早早下垂。

那怎样才是正确的呼吸方式呢？

首先来说说用嘴呼吸，用嘴呼吸就是一种非常错误的呼吸方式。

我们的鼻子有调节温度的作用，而嘴巴是没有的。长期的张嘴呼吸会导致嘴唇干裂、下巴后缩、牙齿咬合错位、鼻梁变塌等问题，可以说这是使我们"长残"的元凶。

如果你有用嘴呼吸的习惯，倘若不是鼻炎等鼻子不通气的问题，可以往嘴上贴一块医用胶布，强迫性把用嘴呼吸慢慢改为用鼻呼吸。

下面我们来感受下自己的呼吸方式，自我识别一下呼吸方式是否正确。

用嘴呼吸对容貌的影响

现在，对着镜子深呼吸，看看你的肩膀，如果肩膀上下耸动，你的呼吸方式就是错的。接着来试一下肩膀不动的呼吸方式：

把手放在肋骨两侧，调整下自己的呼吸，能否感觉到肋骨向外撑、向内回的感觉？肩膀不动，肋骨内外收，这是正确呼吸的两个标准。

你可以用闻花香的感觉来辅助一下。想象面前有一盆花，深深地吸进香气，控制一会儿后缓缓吐出，身体要尽量放松。

记住这种状态，每天抽十分钟来练习呼吸，把感觉带到日常呼吸里去。

因为呼吸几乎是我们的本能行为，已经成为无意识的举动，想要调整不是一朝一夕的。所以，不要着急，首先注入这个意识，然后有意识地去练习。

正确的呼吸对健康和美貌都有非常大的帮助，你也可以把这个分享给你的家人和朋友，带动他们一起练习。尤其是妈妈们，要注意从小给孩子养成正确的呼吸习惯。

科学变美的 *100* 个基本

16

形体矫正：形体正位，是身姿优美的前提

① 颈部前伸

如何识别自己是否有颈部前伸的问题呢？一般来说，耳朵在肩部前就算是前伸了，这时候如果脖子是伸直的，从侧面看，你就会发现自己的耳垂正对肩峰，手肘外侧成一条直线。

脖子前倾矫正动作

⬆ 肩胛骨肌拉伸示意图

肩胛骨肌拉伸

（动作要点）

· 站姿，手放在耳后，头先靠向一侧，再低头30°到45°之间。
· 手指对耳后施压2-3成力度，保持呼吸，不要憋气。

标准组：每侧2组，每组持续30秒。

（注意事项）

视自己的承受幅度来施加压力，不要憋气，出现头晕的状况就马上停止。

（纠错提示）

上身容易跟随倾斜，注意一定要保持直立向上；注意，此动作是低头进行的。

∧ 斜角肌和斜方肌放松示意图

斜角肌和斜方肌放松

(动)(作)(要)(点)

· 一手扶在大腿侧，固定肩关节，头偏向另一侧，下巴微收。
· 用手在肩颈连接处轻轻按摩。
标准组：每侧2组，每组30秒。

(注)(意)(事)(项)

用手按摩，如果太费力的话可以改成用筋膜球按摩，肩颈平时不舒适可以每组时间加至1分钟。

(纠)(错)(提)(示)

肩部容易上耸，注意保持肩膀远离耳朵；容易低头、抬头，注意头部保持跟身体在一个平面上。

∧ 胸锁乳突肌放松示意图

胸锁乳突肌放松

(动)(作)(要)(点)

· 站姿，一侧手扶在大腿侧，固定肩关节，另一侧手放在耳后，头偏向一侧。
· 头慢慢向上倾斜45°。
标准组：每侧2组，每组30秒。

(注)(意)(事)(项)

如果出现头晕的状况要减轻拉伸幅度，或停止，脖子前倾严重的可以将动作时间延长至1分钟。

(纠)(错)(提)(示)

头部后仰角度不好控制，注意不要过度后仰；不要与其他动作混淆，注意头向上方倾斜。

每天坚持做，脖子会变长，气质也能提升不少。日常走路时要肩膀下沉，远离耳朵，刻意体会头向上拔的感觉。

科学变美的 *100* 个基本

❷ 驼背、肩膀内扣

驼背和肩膀内扣也是很多人都存在的问题。驼背会让人显得很不精神，肩膀内扣给人的感觉畏畏缩缩，这些都是非常不健康、不美观的身体习惯。那我们应该怎么来矫正呢？

下面教大家几组能在日常中练习的动作：

🅰 驼背、肩膀内扣矫正动作

Y训练

Ⓐ Y训练示意图

（动作要点）

· 站立，屈肘，大小手臂成90度紧靠躯干，手掌心向上。
· 靠肩胛骨内收，也就是后背收紧，带动肩膀向外旋转。
标准组：2组，每个动作持续5秒钟，每组12个。

（注意事项）

大臂尽量不要离开躯干，弹力带可以根据情况调整距离，如果实在无力拉伸，可以先徒手做该动作。如果出现肩胛骨刺痛应该马上停止，酸痛属于正常现象。

（纠错提示）

容易使用手臂发力来代偿，注意是背部收紧来驱动手臂运动；发力时可能出现肩膀上耸，需要控制肩膀远离耳朵。

俯卧挺身

◀ 俯卧挺身示意图

（动作要点）

· 俯卧在垫子上，双脚微微打开。
· 髋骨紧贴地面，手肘打开，双手扶在脑后，呼气抬起肩膀，吸气还原。
标准组：3组，每组10个

（注意事项）

臀部、背部带动肩膀发力，肩膀抬起的幅度视你的力量而定，前期脖子用力、后背酸痛都是正常的。

（纠错提示）

脚容易翘起来，注意全程让脚站在垫子上；颈部容易翘起来，注意颈椎在脊柱延长线上，眼睛平视垫子。

❸ 盆骨前倾和后倾

骨盆的正位是很多同学都会忽略的一个问题，骨盆位置不正，是腿粗、便秘、痛经的导火索。正位的骨盆，我们的尾椎，也就是俗称的"小尾巴"，是垂直于地面的，如果翘了起来就是盆骨前倾，如果内收就是后倾。

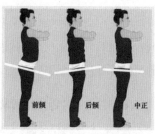

前倾　　后倾　　中正

⚠ 骨盆前倾、后倾、中正示意图

下面教大家一组骨盆正位动作，通过这组动作可以增加我们骨盆的核心力量，让骨盆正位。同时日常生活中，我们也要注意微微收腹，让尾椎与地面垂直。

💧 骨盆正位矫正动作

平板支撑

⚠ 平板支撑示意图

(动作)(要点)

· 俯卧在垫子上，手肘与肩同宽撑在垫子上，肩膀在手肘的正上方，双手握拳靠在一起，膝盖离地。

· 双脚分开，之间的距离等于髋的距离，脚尖踩地，身体成一条直线，臀部不要高于肩膀，肚脐用力向上收。

标准组：30秒起，1分钟到2分半钟为最佳锻炼时间。

(注意)(事项)

身体一条直线，练到浑身发抖再停止。

(纠)(错)(提示)

手肘容易跑到肩膀前面，记住，一定要在肩膀正下方；容易弓背塌腰，身体出现各种曲线，一定要像一条木板一样。

科学变美的 *100* 个基本

❹ 髋骨内旋

髋骨内旋容易导致假胯宽和大腿肌肉外翻，我们可以看一下，右图②就是髋骨内旋。

髋骨内旋的问题需要我们多用手去敲打放松大腿根的肌肉，练习经典的动作——蚌式开合和臀桥，增加外旋的力量来矫正。

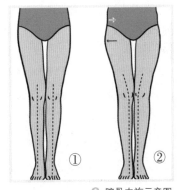

🔺 髋骨内旋示意图

矫正之后你会惊喜地发现，曾经的粗腿慢慢就变细了。

🔴 髋骨内旋矫正动作

蚌式开合

🔺 蚌式开合示意图

动作要点

· 侧卧，手臂支撑头部，腿呈90度。
· 脚后跟位于身体的延长线上，动作时脚后跟不要分离。

标准组:4组，每组做8个，看自己的运动情况调换哪侧抬腿，无固定要求。

注意事项

开合时到最高点可以停5秒钟增加肌肉刺激，放下时尽量缓慢。大腿内侧、髋骨、臀大肌酸痛是正常现象。

纠错提示

注意要使臀肌控制大腿和小腿匀速下落；另外身体跟着前后晃动，需要用手臂发力来保持稳定。

提胸臀桥

· 平躺在垫子上，屈膝，双膝打开，距离与
  髋同宽，手臂自然放在身体两侧。
· 臀部用力向上顶，顶到最高点，双手交叉
  放在身下，下落时不要贴到地面。

△ 提胸臀桥示意图

标准组：4组，每组3个，每个动作5秒钟，组间休息不要超过10秒。

注意事项

腹部收紧，前期可按照标准组运动，随着力量的增强，在最高点的时候最好能支撑10秒再
下落。

纠错提示

膝盖容易超过脚尖，且容易向外张开，注意膝盖保持一个拳头的距离，且尽量控制在脚后跟上
方。腰容易塌，注意保持骨盆微微后倾，核心收紧。

❺ 膝盖内扣

膝盖内扣是让腿呈现X型和
O型的元凶。

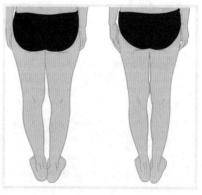

解决方法是多用拳头捶
打，放松大腿外侧和膝盖内
侧，每日练习束角式瑜伽动作，
每次5-10分钟。多用手去按摩小
腿的肌肉，注意走路的姿态，用
臀大肌带动大腿，联动小腿发
力，不要膝盖带动发力。

△ 左边为正常膝盖，右边为内扣膝盖

科学变美的 *100* 个基本

膝盖内扣矫正动作

△ 束角式拉伸示意图

束角式拉伸

动作要点

· 起始姿势：直角坐在垫子上，三点一线，脊柱中立位。
· 双脚脚掌相合，脚后跟靠近骶骨，膝盖靠近垫子。
· 吸气准备，呼气，腹、胸、下巴依次向前靠近地板到最低。吸气调整，呼吸再向下。

注意事项

· 注意保护膝盖内侧。
· 身体向前向下时，脊柱尽量延长，下弓背。

　　最主要的问题是，我们平时要改掉一些错误的姿态，否则训练也没有太大作用。请大家日常记住这些关键点：

　　① 最重要的是改掉一切破坏身体平衡的习惯。比如身体的力都集中在身体一侧，稍息式站立，单侧背重包、提重物，坐着的时候单手托腮，身体靠向一侧等。

　　② 不要跷二郎腿。跷二郎腿的时候，人的整个脊柱都是倾斜的，久而久之就会侧弯，还会引起整个髋骨、肩膀的高低不平衡问题。

　　③ 改掉总是低头的习惯。我们一定要注意，低头的时候腰背不弯，头不往前伸，只是调节下巴的角度。挺直后背，头向上拔，肩膀远离耳朵，前后挪动下巴，改变低头、抬头的方向。记住这种感觉，并将这种感觉带到日常生活中去。

17

减肥原理：掌握底层逻辑，轻松瘦又美

减肥是很多姑娘的追求目标，但是，面对形形色色的减肥方法，不能盲目跟风，要识别各种理论背后的原理。知道了减肥的原理，我们才能健康减肥，让自己又瘦又美。

首先，强调一下，在减肥之前，我们必须要做到的就是形体矫正。正如我们前面所说的，骨骼不端正，减肥会很低效，因为身体会为了让我们直立行走而往错落的骨骼处堆积脂肪，所以只有骨骼正位了才能自然代谢，减肥才能更高效。

我们必须知道一个名词：瘦体重，它指的是人体除脂肪以外的体重，主要成分是骨骼和肌肉。

通过过度节食和运动快速减掉的基本都是体重，真正减掉的脂肪其实寥寥无几。有很多姑娘体重是减轻了，但是人看起来还是胖胖的，甚至肉都是松弛的，因为丢掉的是体重。这种减肥方式会使人的基础代谢也减弱，而且很容易反弹。

有些姑娘体重变化很小，但是人看起来有翻天覆地的变化，因为这样减肥减掉的是脂肪。

失败的减肥：减不掉、反弹、减掉了体重。

半成功的减肥：减掉了体重也减掉了脂肪。

成功的减肥：减掉了脂肪、增加了基础代谢，不反弹。

在此我强调一点：一定不要去尝试任何减肥药。

目前的减肥药主要是以拉肚子（脱水）的方式来减掉我们体内的水分，会让心跳加速。心脏作为人体的发动机，如果跳动快了是会加速燃脂，但是这样非常伤害心脏。

最可怕的就是那些吃了体重不会反弹的药物，那些药物多半是抑制人的食欲和拟交感神经的，本质上跟吸毒差不多，非常伤害身体。

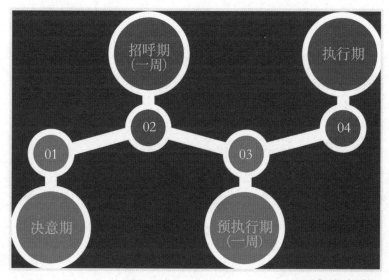

招呼期
（一周）

执行期

02

01

04

03

决意期

预执行期
（一周）

⚠ 减肥行动关键词

18

减肥方法：减30斤不反弹方法全分享

作为一个减重30斤从未反弹过的人，我在此将自己的一些经验分享给大家：

❶ 准备阶段

/ 决意期 /

姑娘们，放下对现在的憎恶，利用大脑对未来的畅想，畅想未来的你变得苗条、美丽、健康。可别小觑这一步，积极的心理暗示能让大脑更加主动地进行配合。

/ 招呼期 /

用少量的运动和自己的身体打招呼，我们需要一点点增加运动量，同时可以发展自己的兴趣爱好，让自己的兴趣从食欲转移到锻炼后的快感中。

❷ 执行阶段

/ 第一周 /

先让身体有一个适应期,减量过去喜欢的食物,晚饭可以适当减半。再配合你喜欢的轻量运功,比如说饭后半小时散步或者增加一些心肺运动。

/ 第二周和第三周 /

主食适当减半,原来的轻量运动可以适当延长一倍,坚持两周,让身体适应。

/ 第四周 /

加入适当的力量训练。坚持一到两个月,相信你会看到效果的。

这里特别要跟大家强调的是,减肥期间不要强制规定不吃某样食物,尤其是零食。虽然减肥期间吃零食是大忌,但是过度消耗意志对减肥来说得不偿失,在一定阶段可以给自己一份喜欢的零食作为奖励。

同时,吃东西要细嚼慢咽,也不要频繁称重,给自己增加焦虑,多给自己积极的心理暗示。

还要记得加入形体矫正训练,形体正了,脂肪的分布会更均匀。

19

保养习惯：美丽由好习惯堆积而成

❶ 高效护肤

平时不论多么忙碌，一定要抽时间做好清洁、保湿、防晒工作。

皮肤的清洁很重要，但同时也要注意适度，不要过度清洁。在选择洁面产品时，建议选用低泡沫的洁面产品，因为相对来说会更温和一些。

保湿能让角质层保有水分，皮肤不至于显得暗淡无光。除了每天用爽肤水、保湿喷雾给自己皮肤补水外，还要学会选择肤感好的保湿产品帮我们的皮肤封层，减少水分的蒸发和流失。

防晒就是为了给皮肤适度的防护，除了出门要搽防晒霜外，日常也要注意做好相应的物理防晒，比如穿长袖衬衫，打遮阳伞，戴帽子和墨镜，等等。

❷ 表情管理

我们的基因、骨骼形态等决定了我们肌肤的先天抗老程度，这个

科学变美的 *100* 个基本

我们无法改变。但是，我们能训练抗衰的基底——面部肌肉。

大家都知道，健身可以训练身体的肌肉线条，改变身体的形态，让身体能更紧致、更挺拔、更有气质，这个逻辑在面部保养时也同样适用。

越早纠正自己面部的不良表情，养成良好的肌肉运动顺序，面部肌肉的柔韧支撑力就会越好，比存在不良表情的同龄人更显年轻。

❸ 合理饮食、规律作息、坚持运动

要学会通过定期的拍照去观察、分析、记录自己外貌的变化，去进行总结、归类、反思，这样可以帮我们形成一套最适合自己的饮食和作息习惯。另外，要有规律的运动，因为运动不仅让血液循环更通畅，而且我们体内的垃圾运输、血氧能力都会变得更强，包括很多营养物质，只有通过运动才能从上到下循环到我们的面部当中去。

一直保持运动习惯的人，通常看起来气色都非常好，整个人看上去也更有活力。把花在护肤品上的钱和时间匀出来一些花在运动上，能够事半功倍。

❹ 自我认同

其实保养中有很多问题是心理层的问题，如果你每天陷在对年龄的焦虑中不能自拔，始终觉得自己老了，变得很焦虑、紧张，那你的大脑也会分泌相应的有害激素。

反之，如果说你总是认为自己是年轻的，一直保有好奇心，大脑也会非常年轻活跃，会分泌与之配套的有益激素。

— 20 —

日常养护程序：拆解养护步骤，变美很简单

❶ 形体与表情

日常养护首先要进行形体训练，让肌肉骨骼达到正位，脂肪平铺，坚持做下去会改善很多形体问题，让我们的容貌、身材都得到一定提升。

要观察面部的表情，错误的表情会让肌肉过度拉扯。我们要让肌肉回位，要做面部提拉训练。

❷ 外貌肌骨养护

/ 容貌养护 /

清洁、保湿、防晒，这是最基本、最必要的护肤方式。在选择护肤产品时，要选一些大牌经典款护肤品，再加上一些高效的医美手段，皮肤至少能达到一个60分的水平。

/ 护发 /

要控制好洗发时的水温，不要天天洗头，防止过度脱脂，及时剪

科学变美的 *100* 个基本

掉分叉的头发。

/ 护眼 /

冷热敷眼睛可以让眼睛的循环更通畅。然后做一些眼球灵活训练，可以让我们的眼神有光，传情达意更有意义。

/ 肌骨 /

适度晒太阳可以保证肌骨不流失，做一些形体训练保证身体正位，适量运动保持肌体活力，饮食均衡注意营养。

❸ 要自信，悦纳自己

如果你什么训练都不想做，也不想在养护自己上费那么多的时间，那就要保证爱自己，让自己变得生机勃勃、野心勃勃、兴致勃勃，也一定是可以很美的。因为这样的你一定是能量场满格的。

要接受我们自身的缺点，皮肤黑一点还是黄一点，眼睛大或者小，这都是我们与生俱来的。我们也要接受自然规律，就是人一定会老的，皱纹或早或晚都会产生的，我们能做的就是尽量延缓它。

我们要把时间和精力花在有改善空间的事情上，不要去死磕，放弃执念。有些东西是不能改的，比如，一定要看不见毛孔，一定要皮肤特别好……如果在这上面投入大量的时间和精力，只会让我们的执念不停扩大。

保持智慧，从根本上认识养护的本质。养护自己是个多维的体系，不是单点的。日复一日，持之以恒，接纳自己朝前看，这样的你就很美。

第三章

气质的11个基本

拥有迷人气质，散发挡不住的光芒

21

认识自己身材的横向比例：沙漏形、矩形、梨形、高脚杯形、酒坛形

我们身体有三个主要的横向宽度：肩宽、腰宽和胯宽。

这三个宽度的不同组合，形成了身材的五种类型：沙漏形、矩形、梨形、高脚杯形、酒坛形，如下图所示：

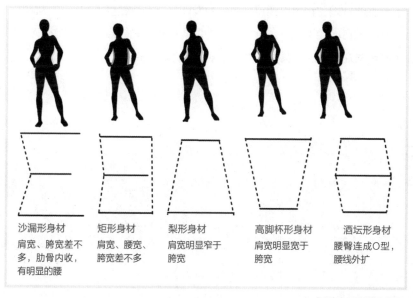

沙漏形身材
肩宽、胯宽差不多，肋骨内收，有明显的腰

矩形身材
肩宽、腰宽、胯宽差不多

梨形身材
肩宽明显窄于胯宽

高脚杯形身材
肩宽明显宽于胯宽

酒坛形身材
腰臀连成O型，腰线外扩

⬠ 五种类型身材示意图

了解完五种横向比例的身材类型，姑娘们是不是迫切想知道自己属于哪一类型呢？

　　我们可以用尺子去量肩宽、腰宽和胯宽的长度，也可以穿上运动内衣，以正面站姿为自己拍一张照片，注意腰背挺直，肩膀打开。

　　然后，在肩膀、腰部和胯部分别拉出三条线，以观察这三个宽度所组合出的身型。

　　提示一下，5厘米以内的差别在视觉上其实很难识别，有些女孩测量出自己的胯宽只比肩宽多出两到三厘米，就判断自己是梨形身材，这是不准确的。因为这种差异用眼睛是完全看不出来的。

　　亚洲女性矩形身材比较多，高脚杯形和梨形身材比较少。

　　在这里，我要着重强调一下：身材类型没有好坏之分，不管什么身型的姑娘，都可以通过穿搭、妆发的修饰找到最美的自己——前提是接纳自己，不批判、挑剔——把那些你认为是缺点的身材特点都当成是与众不同的辨识度，才能迈出变美的第一步。

22

认识自己身材的纵向比例：头身比、上下身比例、腿长身高比

人们常说"九头身美女"，指的就是身材纵向比例中的头身比。除此之外，还有上下身比，腿长身高比。

下面，我们介绍一下这三种纵向比例。

头身比

头身比决定了人的整体比例，头越小，越显高。

计算方法：身高÷头长，黄金比例为8。

测量方法：测量头长方法是——站直身体，头摆正，头顶顶一本书，书边缘到下巴的长度即头长。

亚洲人正常范围是全身为6~7.5个头长。低于6个头长，头身比较差，最好不留及腰长发，建议穿高跟鞋，保持姿态挺拔、避免头前倾。

23

认识骨架的大小、身材的圆扁：
充分了解自己的身材特点

❶ 骨架大小

姑娘们应该都有这样的体会：两个身高一样的姑娘，这个看上去高一些，那个看上去娇小一些。除去其他影响，骨架的大小也是产生视觉差异的一个原因。

骨架的大小指的是骨头粗壮还是纤细，骨头越粗，骨架越大。骨架大的姑娘往往会自带一种成熟硬朗感，骨架小的姑娘会有一种减龄柔弱感。

怎么判断自己的骨架大小呢？有一个特别简单的方法：

用一只手的中指与拇指轻轻握住另一只手的手腕骨头最凸处，看两根手指能不能碰到一起。如果手指相叠超过一个指甲的距离，说明骨头比较细，是小骨架；如果手指碰不到一起，基本上就是大骨架。

科学变美的 *100* 个基本

❷ 身材圆扁

除了骨架大小会影响给人的感觉，我们还发现，同样的身高体重，脂肪和肌肉量也差不多，骨架粗细也差不多，有人看起来凹凸有致，有人看起来就扁平一些，这是因为身材的圆扁之分。

你可以从身体侧面判断自己的身材是否圆扁。

除过度发胖的情况外，扁身材姑娘的骨肉附着比较薄，侧面胸部和臀部成扁平感，就是我们常说的纸片人身材；身材比较圆的姑娘即使不算胖，也有圆润的肉感，侧面胸部和臀部都有明显曲线。

⬠ 8头身比例

由于圆身材具有曲线感，所以这种身材的姑娘更容易显露出女人味。扁身材直线感较强，相对骨感，更容易传递出一种精英干练的感觉。

了解了这些，姑娘们就可以充分利用自己的身材特点，发挥出本来的优势。不要去羡慕不属于自己的身材，接纳自己的身材特点并加以利用，这才是最明智的选择。

❸ 上下身比例

肚脐位置越高，越显腿长；位置越低，越显上身长，下身短。

计算方法：上身长÷下身长，黄金比例为0.618。

测量方法：以肚脐为界将身体分为上下身，分别测量头顶到肚脐的

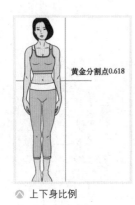

黄金分割点0.618

☖ 上下身比例

距离，肚脐到脚底的距离，由此得到上下身长。

亚洲人的正常范围 0.56–0.6。如果小于0.56，说明下身偏短，上身偏长，可通过腰线调节。

腰线位置：计算一下从脚底到哪个位置刚好是身高的0.618，这是最佳腰线位置，把腰线放在这里，可优化上下身比例。如果穿高跟鞋，要加上鞋跟高度作为基数。

❹ 腿长身高比

计算方法：腿长÷身高，黄金比例为0.5。这个比例可用来判断腿长不长，需要穿多高的鞋。

测量方法：平坐，保持盆骨中立，头顶放一本书，书到椅面的距离即坐高。身高减坐高，即得到腿长。亚洲人正常范围是0.45–0.47，0.5是最佳比例，即腿长和坐高各占身高的一半。大于0.5属于大长腿；小于0.45，需穿高跟鞋调节比例。

高跟鞋的计算方法：坐高–腿长=高跟鞋的高度。如果差值在10厘米以内，可穿高跟鞋调节比例。如果大于10厘米，可以穿裙子或裆部不明显的裤子，把腰线调高。

以上就是我们要了解的身材纵向比例知识。

符合黄金比例的人很少，我们应坦然接纳自己不能改变的部分。只要适当地加以修饰，我们可以变得更美。

☖ 腿长身高比

24

认识身材比例的空间和限制：规避身材劣势，凸显身材优势

人人都追求美好身材，但很少有人天生完美，每个人的身材都有可发挥的空间，也有触达不了的限制。比如，拥有矩形扁身材的人，再怎么努力健身也难拥有纤腰丰臀，这就是先天局限。

但是，我们可以通过很多方法向最佳比例靠拢。

❶ 改善视觉比例，扬长避短

总原则是强调优势的部分，伪装不够的部分，隐藏劣势的部分。

首先找到自己身材比例有优势的地方，然后不断放大它，把别人的目光吸引到你的优势上。比如，梨形身材的姑娘上半身有优势，可选择戴夸张的耳饰、颜色鲜艳或领口有设计感的上衣，吸引别人把视线落脚点放在上半身或头面部。下半身则穿普通的、没有太多吸睛元素的裙子或裤子，遮盖或弱化下半身的弱点。

然后，了解身材比例中不足的部分，想办法修饰。比如腿不够

长，身高比不好，可穿高跟鞋调节。腰部不明显的矩形身材，想要让腰线明显一些，可以穿X型衣服或扎腰带。

❷ 认识局限，不要求不得

希望大家都思考一下，你想给别人传递一种什么感受，你的身材比例是帮助还是阻碍了你给别人传达这种感受？想清楚这一点，你就会发现，任何身材都有自己的空间和限制，没有绝对的优缺点，要看我们如何去认识并加以利用自己的特点。

有些姑娘是6头身比例，头很大，想改善头身比。其实，大头自带萌感，漫画中常用大头来体现"软萌"的感觉。所以，如果想传递软萌感，保留这个头身比是有优势的，但如果想要传出一种干练、厉害的感觉，就需要通过发型、穿搭去调整头身比。

没有重大缺陷的身材就是一副"好底子"。如果你总觉得自己不完美，很有可能是因为对标了现实中很难得的身材。与其把时间浪费在追求无法更改的事情上，不如花时间去改变可以改变的地方。

希望姑娘们看了这个基本点之后，能正确看待身材比例的空间和限制，欣然接受自己的硬件条件，学会欣赏、赞美自己的身材和容貌。

25

认识自己的面部比例：三庭五眼+四高三低

说完了身材的最佳比例，你应该知道了优化的方向，现在再来说说面部比例的审美标准。中国人自古讲究中庸，以平均为美，偏好对称和起伏，所以，中式审美以"三庭五眼""四高三低"作为标准。

我们分别来了解下。

❶ 三庭五眼

三庭分为上庭、中庭、下庭。发际线到眉毛是上庭，眉毛到鼻头是中庭，鼻头到下巴边缘是下庭。标准的审美中，这三庭的长度是差不多的。

五眼是指眼睛那一条线的面部宽度，刚好是五个眼睛的距离。

中国传统的审美标准是以平均为美，但这并不代表不平均就不好看，

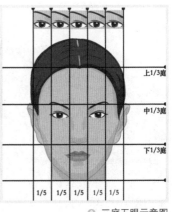

🔺 三庭五眼示意图

尤其是在审美越来越多元的当下，三庭五眼也并不是唯一标准了。比如，有的人宽眼距、厚嘴唇，我们依然认为她有一种性感之美。

而且，不同的五官分布也有不同的感觉传递，比如上庭比较大，就是俗称脑门比较大，就有一种减龄感，中下庭较长就会有一种成熟感。

所以，在化妆和造型时，我们可以根据自己的需求来调节三庭五眼的距离。

❷ 四高三低

四高指的是额头高于山根，鼻尖高于面部中轴线，唇珠高于人中，下巴尖高于唇床；四低指的是眉额交界处比较低，人中低，唇床低。

虽然说"四高三低"是标准审美，但并不是说起伏越明显就越美。东方女性的面部本身就属于比较平缓柔和的，我曾见过很多面部平缓的姑娘通过医美手术做出一个很高的鼻了，其实是破坏了整个五官逻辑的。

△ 四高三低示意图

每个人的长相都是独一无二的，有自己的辨识度，希望姑娘们都能发挥出自己的独特之美，而不去做流水线上的复制品。

以上，就是我们需要了解的面部比例信息，在后面判断气质类型时也会用到，希望大家能认真了解。

26

认识自己的气质属性：你是气质九宫格里的哪一种

我们看人时，首先感受到的是这个人通过脸和身材传出的感受，比如是好接触还是有距离感，活泼还是文静。然后会观察她的眼神和动态举止，眼神就是内在的神采，动态举止就是表情、姿态、走路的步伐等一举一动。这些条件组合在一起，就构成了我们的外在气质，决定了我们在形象表达中所起的作用。

那么，该怎样判断自己的气质呢？我根据不同人带给他人的不同感受，独创了一种"气质九宫格"的对照工具，可以帮助大家快速找到适合自己的着装风格。

气质九宫格分为三行，从上往下：第一行是成熟系的气质，包括美洲豹、凤凰和狐狸；第二行是比较适中的气质，包括天鹅和猫；第三行是减龄系气质，有梅花鹿、绵羊和兔子。

这就是整个九宫格的分布，我们先来看一下具体的气质类型。

在判断自己的气质属性时，首先要找准自己属于九宫格中的哪一行，也就是属于成熟、适中，还是减龄系的。如果从小看起来比同龄人成熟，重点参照成熟系；如果从小比同龄人显小，重点关注减龄

气质	身材			面部			姿态	
属性	线条	骨架	身高体重	线条	骨肉	五官	眼神	动态举止
成熟 — 美洲豹	直线	骨架较大	显高显重	直线，不连贯	颧骨较突出，面部的皮肉呈肌肉状	立体，多方腮	坚毅有力	举止大气豪迈
成熟 — 凤凰	直线	偏大/适中	显高	长直线	颧骨多平缓，骨肉附着较薄，看起来没有肉感	长且较为纵向分散	冷峻，淡漠疏离	缓慢稳重
成熟 — 狐狸	曲线	中等	显胖	曲线	肉包骨，无骨感	带钩角，唇线清晰、嘴角分明	妩媚	温和，充满女性的柔美
适中 — 天鹅	中曲	适中	相符	中曲	颧骨较圆润，面部皮肉薄厚中等、附着均匀	大而开阔，不密集也不分散	柔和、温婉	优雅温婉，动态温和平缓
适中 — 猫	曲线	中等/偏小	相符	丰润流畅	满满的胶原蛋白感	基本填满面部，眼睛形状较圆，眼头多勾角，鼻子小巧上翘	慵懒，有点野性	优雅，动感较强
减龄 — 梅花鹿	直线、纸片人	适中/偏小	显高显瘦	直线流畅	骨肉较薄，颧骨平缓，无肉感，却有丰盈的胶原蛋白感	分散不密集，细长而开阔，多薄眼皮、细长眼型	清澈明亮	幅度适中、有轻盈感
减龄 — 绵羊	中曲	中等/偏小	显瘦	中曲	面部骨骼无明显突出	较平缓清秀，眉眼立体度不够，耐看	平和，闪躲羞涩	视觉上较安静
减龄 — 兔子	曲线	中等/偏小	肉感	曲线	皮肉一体感强、无明显断层，脸部胶原蛋白充足	线条柔和、多圆角	清澈无辜	视觉上动感较强

注：羊驼是种始终不协调的矛盾的气质，是可以转变的，在此不详细讲。

科学变美的 *100* 个基本

系；如果从小年龄看着与实际差不多，对照中间的天鹅和猫。

确定自己属于九宫格中的哪一行之后，再根据上页表中的身材、面部和姿态等特征，判断具体的气质。成熟系中，从美洲豹、凤凰到狐狸，女人味逐渐加强，酷酷的感觉逐渐减弱。减龄系由上到下少女感越来越强，帅气逐渐减弱。

❶ 成熟系气质

美洲豹 （气场之王）	给人感受	具有力量的野性，偏雄性化
	修炼方向	能量外向敞开，气场强大，动作举止大气豪迈，走路大步流星，全身散发出昂扬挺拔之感；忌讳发胖、驼背、猥琐、暗淡、忸怩。
	妆容服饰	大气国际范，多参考欧美女星，大块鲜艳的色彩、夸张抽象或几何元素的图案、干净利落的裁剪；忌穿清新、可爱的衣服；妆容浓淡皆可。
	代表明星	Maggie Q、杨紫琼、姚晨、刘雯等
凤凰 （距离感最强）	给人感受	高冷、暗黑、神秘，相比美洲豹的欧美感与野性力量，更中式内敛。
	修炼方向	眼神淡漠、疏离、高冷、专注；举止优雅得体，缓慢稳重，走路步伐开阔或适中；忌讳发胖和驼背，忌畏缩感、讨好、欲求。
	妆容服饰	同美洲豹一样主打国际范、大气范，区别在于美洲豹偏野性，可尝试金属、朋克等搭配，凤凰偏内敛，更适合穿出独有的禁欲感；忌可爱元素的服饰。
	代表明星	林青霞、杜鹃、王菲等
狐狸 （最妖媚）	感受	妩媚动人，浪漫迷人
	修炼方向	眼神温热、妩媚、野心勃勃，动态举止上有女人味，柔和婀娜，落落大方；忌讳太多赘肉，尤其是肩颈位置发胖，忌笨拙、胆小、欲求外漏。
	妆容服饰	较难穿出街头时尚感，易穿出华贵感；穿着曲线感强、高质感的连衣裙最能突出主气质；可驾驭的颜色范围广，艳丽的异域民族风等华丽服装均能很好地驾驭；忌讳清新可爱、森女风等较灵动的服装风格，忌艳俗的颜色，如很女性化的粉色。
	代表明星	范冰冰、陈好、温碧霞等

△ 美洲豹型素人

科学变美的 *100* 个基本

△ 凤凰型素人

形象力篇

❷ 中间系气质

天鹅 （最优雅）	给人感受	高贵、优雅、知性，平易近人
	修炼方向	优雅知性、不慌不忙、不紧不慢、不过不满；形体挺拔、眼神平和，举止优雅舒缓，忌后背肥厚和脖子前倾、体态不良，忌表情拧巴、紧凑、有攻击性，动作幅度过大。
	妆容服饰	不适合浓妆和细密型卷发，穿衣打扮风格范围较大，不适合过于野性或过于可爱粉嫩的类型。
	代表明星	高圆圆、刘诗诗、杨澜等
猫 （百变女王）	给人感受	慵懒、自由和野性，懵懂中带些小性感。
	修炼方向	眼神散漫慵懒、精灵有神、热情积极，表情生动、丰富；忌讳畏缩、不自信、闪躲；忌过度发胖；身体的柔软感也很重要。
	妆容服饰	穿衣风格可变性较强，风格主要以年龄划分，不适合过于强气场的服装，妆容不适合过强的东方古典感。
	代表明星	杨颖、朱茵、徐若瑄、倪妮等

❸ 减龄系气质

梅花鹿 （前卫之星）	给人感受	灵动，自然，干净爽朗
	修炼方向	自信度和机灵感，眼神空灵、伶俐、热情、邪魅，动态举止轻快、伶俐；忌发胖、练出明显的肌肉块；忌畏缩拘谨、忸怩木讷。
	妆容服饰	森女、街头风，有较强的少年型时尚感。不适合正红色大红唇、眼妆可淡可浓，忌妩媚、熟女型的穿衣风格。
	代表明星	周冬雨、王子文、桂纶镁等
绵羊 （清纯担当）	给人感受	温和无公害，邻家女孩，明亮的笑容，平易近人，学生气浓
	修炼方向	对世界坦诚，有信赖感；眼神无辜、温和、透明，动作幅度小，传递内敛安静感；忌讳苦大仇深的面部表情，如挑眉、皱眉等，忌皮肤过于粗糙或多瑕疵。
	妆容服饰	着装风格可文艺、古典，也可向天鹅的优雅上偏一下；忌过于强气场的服饰和浓妆。
	代表明星	郑爽、乔欣等
兔子 （最甜美可爱）	给人感受	乖巧可爱萌萌哒
	修炼方向	眼神清澈明亮、无辜或有一定机灵感，动态举止轻快、活泼、灵动；忌苦大仇深的面部表情，太瘦、过于骨感或皮肤状态不好也会失去可爱感。
	妆容服饰	适合浅色系，需添加一些可爱元素；妆容淡而干净，忌过强金属感和大气夸张的装扮。
	代表明星	赵丽颖、林依晨、蔡卓妍等

科学变美的 *100* 个基本

△ 天鹅型素人

◈ 猫咪型素人

科学变美的 *100* 个基本

△ 梅花鹿型素人

◈ 绵羊型素人

科学变美的 *100* 个基本

❹ 九宫格矛盾综合气质羊驼

如果看到这里你还没找到自己的气质属性，很可能是因为陷入了下面两个误区：

① 太绝对，有一点不符合列出的特点，就觉得自己不是

我们要找的是自己的主要气质属性，那么只要大部分特征符合即可。天然气质统一的人是极少数的，大部分人都是一些主体气质里掺杂着一些别的元素。比如凤凰型气质的人长了一双兔子型的圆眼睛，等等，这些都可以通过化妆或者穿搭调整成统一的气质属性。

② 对照气质特点时参考了自身的性格

有的姑娘内心喜欢绵羊型气质，平时也多按照绵羊型风格打扮，但她的硬件条件是凤凰型，于是在对照气质属性时就会陷入困惑，难以精准定位。

性格会影响我们的神态以及举止，但这些都只是外在形象的一部分，而且是可以通过外在调整产生变化的。

除此之外，我们的性格丝毫不会影响外在形象的塑造。假如兔子型气质的姑娘因为喜欢美洲豹型的硬朗性格，而硬把自己往大气方向上打扮，只会让人感到违和。

我们无须排斥自己的天然属性，就如同一味追求根本不爱自己的人一样，要明白——强扭的瓜不甜。

外形和性格不冲突，每个人都可以有多面性，甚至跨度巨大，外在形象没必要随着性格而转移。外形统一是第一视觉感知，只有它和

谐了，我们才能感受到性格层面的合理性。

走出以上误区之后，不知道大家有没有重新认识并找到自己的气质属性呢？如果没有，那很遗憾，你很有可能是羊驼。

羊驼处在九宫格的正中间，它属于混合型气质，会表现出一种矛盾感。同时，羊驼还可以分成两种：先天形成的羊驼和后天长成的羊驼，如下表所示：

羊驼分类	成因	示例	
先天羊驼	头和身材 分属对角属性	兔子头配 美洲豹身体	雄性的面部配 圆润曲线的身材
后天羊驼	线条变化	发胖	不良体态
		错误整形	不良表情牵拉
	硬件和眼神、 举止的冲突	大气场硬件 配不自信眼神	大气场硬件 配畏缩形体

先天羊驼和后天羊驼在打扮中要注意弱化主要的矛盾属性，后天羊驼还要改善后天的不良干扰，让气质更加统一。

简单来说，打扮时要力往一处使，往一种气质上对照。千万不要按照主流审美观里的单项优势打造自己，最后拼在一起便会很违和。

美，应该从了解自己开始。我们只有在找准自己的气质属性，才能在妆容服饰的选择上更加得心应手，将自己的美最大限度地发散出来。

27

找到自己的气质空间：找到核心气质，找到变美主场

很多姑娘内心并不接纳自己最擅长表达的气质，总想成为别人，成为别的气质。比如，减龄系的姑娘向往大气场系的，成熟系的姑娘却喜欢可爱系的，怎么办呢？

虽然我们可以根据自己的需要强化或弱化某方面的气质，但这种改善是有边界的。

请注意以下四点原则：

气质匹配是第一原则，不能有极大的违和感

形象美的基础是气质的和谐平衡。选择衣装时要照顾自己的主气质。成熟系姑娘想减龄，可以选择大气剪裁的服装，配一些减龄的元素，如柔软的面料或轻柔的颜色。

气质并不是纯粹的

很少有人完全匹配单一气质，大部分人的气质都是一种主气质加一些其他的气质元素，后者称为参与气质。

当我们想要表达的气质与主气质冲突时，可通过弱化主气质，强化参与气质来达到。有些姑娘气质界限并不是特别清晰，如偏凤凰的天鹅，偏狐狸的猫——她们更有优势在两种气质之间自由切换。

眼神和举止是对气质的增补

我们可以控制眼神的柔和或是犀利，举止端庄优雅还是豪迈大气，在不同的场合下表达自己。要注意，眼神和举止也要与气质以及当下想要传递的气场相匹配。

气质不是一成不变的

身材、肌肉、线条会随着胖瘦而变化，面部也是如此。年轻时婴儿肥脂肪将脸部填充得满满的，等到皮下脂肪流失以后，肌肉层就显露了。比如，年轻时是兔子型的人，中年时面部线条变直了，成了天鹅型——这就是气质的变化。

接纳自己，才能释放内心潜能。最好的气质是接纳自己的气质，而不是羡慕别人的气质。不同的气质各有各的优势，最重要的是利用创造力，根据需要强化或弱化某项气质，这才是我们学习气质变美的根本动因。

28

认识自己的核心诉求：形象表达的
第一原则——气质匹配

我们在不同生活场景中有不同的需求，完全满足所有诉求是不现实的，将各种诉求排序，优先满足才是最正确的做法。

前面讲过，形象表达的第一原则是气质匹配。如果想要表达的气质和主气质冲突，先照顾主气质，同时增加一两个想表达的元素，如成熟系的姑娘想减龄，可穿裁剪大气的衣服，但却可以选择质地柔软轻薄的款式。

调节身材比例时要注意整体和谐。想提高腰线可以穿高跟鞋显腿长，但不能太过分。如果穿"恨天高"的鞋子，虽然腿长了，但很可能破坏了头部与身体的整体比例。

把握这两个原则之后，现在为大家介绍一下视觉识别的优先级原则，即当我们看人时，先关注什么后关注什么。在这里，又可分为静态和动态的两种情况，分别为大家介绍一下。

❶ 静态时视觉识别优先级

通过照片看人或看静止的人时，我们会最先识别对方的身材轮廓，即高矮胖瘦，然后关注的是脸——头面部的轮廓，最后是五官组合以及细节。

❷ 动态时视觉识别优先级

当一个人从我们面前经过或走来时，我们会最先识别对方的动态举止，即步伐快慢，动作舒缓还是急促。然后，识别身材线条、面部轮廓、五官组合等。

近距离接触时，眼神会向他人传递我们心底的能量，它带来的感受会盖过身体的其他部分带给人的感受。如果单项的五官特别惊艳，比如眼睛又大又灵动，也会直接决定给人的第一感觉。

了解了视觉识别优先顺序后，我们便能根据这个顺序发掘自己的优势，并根据自身的条件来发挥优势。

比如，约会时，脸型精致美丽的姑娘可以提前到场，这样男士一来，首先会看到一张精致的面孔，会留下非常好的第一印象；如果你的身材非常棒，可以晚点到场，等男士落座后再优雅地走过去，这也是放大自己优势的一种做法。

不要过度纠结五官好不好看这些细节，其实，这些细节很难被人第一时间关注到，我们可以根据视觉识别的优先顺序，先整体、后细节地调整优化方案，给人留下最美好的第一印象。

29

通用礼仪姿态：姿态直接表达了你的修养值

日常生活中，我们对外展示的气质是通过精神面貌和礼仪姿态来体现的。接下来，我们来说一些日常生活中的通用礼仪。

/ 站姿 /

保持脊柱正位，身体两侧平衡，或者选择稍息式站立。头不要太下垂，腰不要塌，否则会给别人一种很颓废、很不精神的感觉。

/ 坐姿 /

坐下时要注意只坐椅子的三分之二。最重要的是落座和起身时要用腰腹位置发力，而不是臀部发力，那样会有一种欠缺控制感的感觉。

/ 上下车 /

选择侧身抬腿姿势上下车，而不是翘起臀部"爬"或者"钻"进去。要注意，在日常生活的各个场景中都不要用臀部去发力，这会给人一种很不雅的感觉。

/ 吃东西 /

用筷子吃东西，一次不要夹太多，不要在盘子里面翻动，菜到嘴边再张口，吃完咽下之后再夹菜。

/ 接物 /

双手接物，递送尖锐物品时如剪刀等尖锐方向朝向自己。

/ 介绍他人 /

从年长的人开始介绍。如果是商务场合，从职位高者或者甲方开始介绍。

请记住，你和环境一起构建了一种"场景"，这些场景都是有能量散发的，你也是这个能量场中的一员。在一个场景中，你是挺拔昂扬，还是塌腰驼背，所散发出来的能量都是不一样的。

科学变美的 *100* 个基本

30

不同气质的礼仪姿态：不同气质类型，不同姿态表达

❶ 九种气质通用的姿态礼仪

走路不晃肩膀，保证脊柱盆骨的稳定，这是最基本也最能体现一个人控制感的地方。

走路时用臀大肌发力带动大腿向前迈，不要单独使用膝盖或者用脚发力，这样会传递出一种行走吃力的感觉，还会由于肌肉松紧不一致而导致O型腿或X型腿。

不要低头走路，也不要弓腰驼背，时时刻刻挺拔昂扬，目视前方。

❷ 九种气质不同的姿态礼仪

/ 美洲豹型 /

日常姿态中应该有力量，大气一些，禁忌小步碎走，或有怯懦感，这样会折损美洲豹型的整体气质。

/ 凤凰、天鹅型 /

这两种气质属于精英感比较强的气质，所以姿态需要更稳重。肩膀放平，步伐平稳，尽量不要走出比较欢快或过于沉重的感觉。

/ 狐狸型 /

女人味比较重，较妖娆的气质，但过度暴露女性气息也是不易被接受的。所以，要注意腰胯位置不要过于摇摆，可走较稳重或者较大气的路线，但不要过于豪迈。步伐、手臂摇摆的幅度不要过大。

/ 猫型 /

属于比较容易散发出慵懒、散漫感的气质，所以在工作场合中要保持稳重，不要给人一种无力感，日常生活中可以表现得活泼、欢快一些。

/ 梅花鹿、兔子型 /

属于减龄系中比较有动感的气质，所以日常走路可以灵动跳跃一些，不要过于沉重。

/ 绵羊型 /

属于比较文雅、纯净的气质，所以走路要轻盈一些，手臂摆动和步伐的幅度要小。

/ 羊驼型 /

属于比较矛盾的气质，需要调整为更协调的气质。

31

慢慢培养你的涵养：提升好感度的礼仪基本点

受到别人帮助时说"谢谢"，打扰到别人时说"对不起"，这些基本礼仪众人皆知，但是当你说"谢谢"和"对不起"时，是否注意到你的眼神、语气中是否包含了谢意和歉意，还是只将它们当作干瘪的词汇来用？这是我们在日常生活中很难注意到的细节。

除此之外，还有容易被我们忽略掉的一些情况：

/ 与服务行业人员的互动 /

在与餐厅服务员、快递配送员产生交互时，也要礼貌对待，不要因为他们是服务的提供方就区别对待。

/ 说话时打断别人 /

在现实社交中，一般很少会出现这种问题。但是，在越来越自由开放的网络环境下，打断别人说话的情况比比皆是。

我们无法做到左右他人的行为，但我们可以做到不打断别人的发言。当你发现别人的话题被人打断，可以适时地接上，比如问"刚才你说的那件事情，后来怎么样啦？"这种替人解围的做法是最能够让人心怀感激和欣赏的。

/ 与人交谈时的目光 /

平视对方，而不是斜视、仰视。与长辈交谈时，注意微微低头。

/ 聚会场合尽量不使用手机 /

聚会是一种交互感极强的场合，即使你不想说话，也要把心态调试好，尽量不要封闭自己。

科学变美的 *100* 个基本

第四章

彩妆的7个基本

迷人妆容，演绎令人心动的你

—— 32 ——

化妆的原理：增加生命动能，提升气色

化妆的原理是什么？化妆不是为了变白，最主要的是提升气色，引导视觉落差，起到形象辅助的作用。

❶ 增加生命动能，提升气色

我们在前面讲过，减龄的因素主要有：挺拔的体态、健康的毛发、亮泽的皮肤、红润的嘴唇和明亮的眼睛。后三项几乎都可以通过化妆完成。

我们来看一下下页左图中这位女性化妆前后的变化。你可以明显看到：化妆后，她的肤色亮泽了许多，眼睛也更有神采了，整体的气色得到了极大提升。

❷ 增加对比，调节比例

我们可以看到，下页右图中这位女性脸部线条比较平，化完妆之后线条起伏就很明显了。同时，化妆还能调节三庭五眼的比例。从下图中，我们还可以看出，这位女性在上妆后眼距明显缩短了。

❸ 化妆能引导视觉落脚点

妆容可以起到很好的引导视觉落脚点的作用，我们可以利用这个方法凸显自己的优势。比如，眉眼好看的姑娘可以重点突出眉眼，下半脸好看的姑娘妆容可以重点放在唇妆上——扬长避短，令优势最大化。

❹ 调节不同感受传递，辅助形象表达

在前文中我们说过，五官的上挑和尖角代表厉害，圆润和下垂则代表温和，这点在妆容上面也是一样。比如，可以把眉毛画上挑，眉尾画尖，突出眉峰来体现出干练；或者把眼睛画圆，眼线下垂来体现温柔感。

这就是妆容的作用，能够通过细节调节来改变给人的感受，辅助我们在各个场景中外在形象的表达。

⌃ 化妆可以提升气色　　⌃ 化妆可以调节比例

— 33 —

底妆的化法和选择：给人素颜天生的感觉

选择一瓶适合的粉底非常重要，既能提亮肤色，同时还不给人粉饰的感觉。

在这里，我会分享一些实用方法，你可以快速地找到最适合自己的粉底液。

❶ 底妆的选择

/ 色号选择 /

可以在脸颊上试色，挑选最接近肤色的色号。

如果实在找不到适合自己肤色的粉底液，可以买两瓶粉底液，一瓶自然肤色，一瓶比肤色浅，自己来调配——通过不同比例调换来找到最接近自己肤色的粉底。

/ 粉底的注意事项 /

粉底通常有液状、霜状和固状三种形态，越浓遮瑕效果越好，越

科学变美的 *100* 个基本

稀薄通透感越好。日常生活中，我们最常选用的是粉底液。

❷ 底妆的画法

/ 上妆工具 /

手或者海绵是最好的上底妆工具。

用手作为工具，可以直接用手拍打，拍打按压的时间越长，底妆越贴合。

使用海绵上粉底前需要喷点水，以防止海绵吸收粉底里的水分。手法是推开和按压。

/ 操作方法 /

想要打底效果好，最好是上两层底妆。第一层是涂全脸，均匀肤色；第二层用略白于皮肤的粉底在内脸推开。这样打完粉底就会塑造出立体感。

关于什么是内脸，可以参考右图，红线范围内就是内脸。

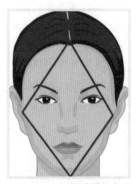

⬆ 内脸示意图

❸ 底妆的表达

我们前面详细讲过气质九宫格，在这里，我们还要注意一点：不同的气质类型也有不同的底妆注意事项。

	诉求	妆感
减龄系	加重减龄感	清透、水润、有光泽
中间系	知性、稳重感	雾面、不能太透
成熟悉	厉害、精英感	亚光

/ 定妆 /

定妆最主要的作用是防止花妆，对于油性皮肤的姑娘来说，这是必要的步骤，其他情况下可以根据自己的需求进行选择。

散粉使用的具体方法：蘸取散粉后先在手背上轻扫几下，保证刷上没有成块状的散粉，然后再往脸上均匀地轻扫定妆。

⬢ 化妆刷

科学变美的 *100* 个基本

34

眉毛的画法：好的眉毛让人精神倍增

眉毛是整个妆容的重点也是难点，好的眉毛可以让人精神倍增，也能令妆容更加立体。我为大家推荐一个画眉的标准流程，让画眉不再是难题。

❶ 准备工具

准备砍刀形硬笔芯的眉笔和眉刷，眉笔的颜色选择需要接近瞳孔色或自然发色，相差过大则会显得头面部不和谐。

/ 修眉 /

在自然眉形的基础上，将眉毛边上的杂毛修掉——可以用眉夹拔掉不齐整的眉毛，也可以用修眉刀轻轻剃掉。

⚠ 眉笔和眉刷

❷ 确定眉毛的位置

基于自己的眉骨，找准眉毛的基本位置，画眉时不要偏离眉骨本身的形状太多。

/ 纵向的位置 /

三庭五眼的比例：眉毛基本位于面部三庭，从上往下三分之一的地方。

眉眼距离：最适宜的距离是从眼睛最高点到眉毛，约为1厘米。

/ 横向的位置 /

眉头的起点在鼻孔向上的延伸线上，眉峰在鼻翼和瞳孔的延伸线上，眉尾在鼻孔和眼角的延伸线上。

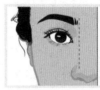

⚠ 眉头和眉尾的位置

/ 双线画眉法 /

将起始位置、眉峰以及结束位置连起来，然后用上下两条线勾勒出眉毛的外轮廓。

接着填充颜色，填色原则为两头浅，中间深。最后，用眉刷将眉毛沿着眉毛自然生长的方向梳理一下。

⚠ 眉峰的位置

注意，眉毛的上边缘模糊，下边缘相对上边缘要清晰一点。

如果边缘画错或者太生硬，就用棉签把多余的地方擦掉。填色入深的地方，也用棉签擦一下，让颜色均匀自然。

❸ 自检

/ 眉尾是否下挂 /

除非你想表现出"呆萌无辜"感，否则无论是什么形状的眉毛，眉尾都不要比眉头低。

/ 左右眉毛是否有严重的高低差 /

将眉笔横放在额头上，这样就可以直观地观察到两条眉毛的高低。这里要着重提醒大家，不用追求两边眉毛的完全一致。我们要知道，人的左右脸不是完全对称的，眉毛的高低稍有不同完全没有问题。

画眉同样也要遵循气质匹配的原则。

通常，线条感强的美洲豹、凤凰、梅花鹿型气质的女性不适合比较弯的柔美眉毛。而曲线感强的狐狸、兔子型气质女性一般适合化柔和一点的眉形。如果想增加点帅气，可以修出明显的眉峰。

35

口红的选择：最是那动人心魄一抹红

口红最广为人知的作用是帮助人提升气色，因此，每个姑娘都会拥有数根口红。现在，为大家分享一些口红的选择与使用方法。

❶ 如何挑选口红色号

对于黄皮肤的亚洲人来说，那些吸引人眼球的芭比粉、荧光粉，甚至蓝紫、紫色这些冷色系，对亚洲女性来说并不怎么适用。

现在，我为大家推荐几种适用于亚洲人肤色的基础颜色（对肤色的包容度较高）。

以下这三种口红色号，基本就能满足日常需求了。

（1）红色系：红色系口红能够很好提升气色，增加皮肤的白皙程度。

（2）豆沙色：豆沙色是日常百搭色，既显气质，搭配裸妆也很好看。

∧ 正红色口红　　　　　∧ 豆沙色口红　　　　　∧ 西柚色口红

（3）西柚色：自然清新，让人显得年轻有活力。

❷ 口红的注意事项

口红除了可以改善气色，还可以改变面部整体对比度，让面部轮廓更加立体化，引导他人的视觉落点。口红越鲜艳，它和面部对比度就越突出，给人的"厉害感"也越强。

脸上多色斑、痘印的姑娘不要涂太鲜艳的口红，这样会增加对比度，加重色斑、痘印的显现程度。

佩戴近视镜的姑娘也不要涂太过艳丽的口红，这会让脸部失去视觉落点。

下半脸相对没有优势，比如下巴肉比较多，有明显凸嘴、牙齿不好看等问题的姑娘，也不适合涂艳丽的口红，这样会将视觉落点下移加重缺陷。

减龄系的姑娘，像兔子、绵羊、梅花鹿型气质的姑娘都不适合鲜艳的口红。反之，美洲豹、凤凰这些气质较强的类型则不适合粉色系。

❸ 口红的用法

以上给大家推荐的三个基础色，大家可以通过不同的涂法来实现不同的表达。

涂浅一些会让人显得温柔自然，深涂一些则会让人的气色更加艳丽。

嘴角勾画清晰一些，则显得成熟、厉害；勾画模糊一些，则会显得清纯可爱。

如果自身的唇色太深，则要用粉底先遮盖一下，再涂口红。

36

眼妆的画法：让眼睛亮起来

眼妆包括眼线、眼影、眼睫毛三个部分。

❶ 眼线的画法

/ 工具 /

眼妆初学者建议用软头的水笔或硬头眼线笔，不建议使用眼线液和眼线膏。

/ 画法 /

眼线要贴着睫毛根部画，可以分为三段：眼头、眼球上方的弧度和眼尾。下眼一般只在眼角处画个小三角，再用棉签向内晕染，这样就可以达到增大眼睛的效果。

⚠ 眼线的画法

/ 注意点 /

眼线与眼珠之间不能有留白，画的时候一只手将上眼皮向上拉伸并按压，以保证眼睑的褶皱也能填充到颜色。手法上，眼线笔放平比笔尖垂直更容易画。

❷ 眼影的画法

/ 工具 /

日常妆中用到最多的是三色和四色眼影盘，分深色、浅色和中间色。大地色系眼影是最适合亚洲姑娘的色系。

/ 方法 /

眼影自上而下，分别是打底色，中间色和眼线色。颜色由浅至深，面积由大到小。打底色涂满整个眼窝，中间色是介于打底色和眼线色过渡的颜色，最深的眼线色是眼线的延展。可以选择比过渡色浓一些的颜色涂满眼皮褶皱部位。

眼影的落笔和刷子的走向直接决定着眼睛的形状。如果想减龄，可以选择让眼睛圆一点，眼影的起点可以选择在眼睛中间。如果想让眼睛显得长一些，眼影的起笔点可以选择在眼尾，从眼尾向前晕开。

不要忘记画下眼影，下眼影的方法是从眼尾画到眼中部。

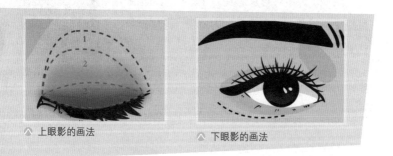

∧ 上眼影的画法　　　　∧ 下眼影的画法

❸ 睫毛的画法

/ 工具 /

初学者建议用刷毛比较细，膏体不是很浓稠的睫毛膏。

/ 方法 /

刷睫毛一般采用"Z"字形的涂抹方式，从根部往上部涂抹，以保证刷出来的睫毛比较流畅自然。下睫毛能直观地将眼睛面积增大，黑眼圈或者眼袋比较明显的姑娘，不建议刷下睫毛，这样会显得眼下更厚重，不清爽。

/ 注意点 /

如果想让睫毛垂下来遮一下眼白，或者想表现"无辜感"，可以从上往下刷睫毛。

眼线和眼影无论先化哪个都可以，按照个人喜好和想突出的重点而定。

眼妆可以为面部提升精致感，但不是必需的化妆步骤。修炼眼神同样能让眼睛敏感不适合画眼妆的姑娘提高自己的自信度。

37

修容的方法：凹凸有致，立体妆学起来

❶ 修容产品

常用的修容产品有修容粉和修容棒。初学者可以使用修容棒，熟练之后再选择使用修容粉。

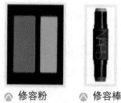

🔺 修容粉　　🔺 修容棒

❷ 修容的参照标准

中国的审美标准是三庭五眼和四高三低。通常我们可以在额头、鼻尖、唇瓣、下巴尖的地方打高光，在眉额交界处、人中沟、下唇下方打暗影。

❸ 修容的具体方法

上庭偏长，可以沿着发际线打一圈暗影；下庭偏长，则可以在下巴尖用暗影。如果眼距太窄，可以在眼头部位打一些高光，在山根处

打一点高光拉开眼距；如果双眼过于分散，可以用眼影结合眼线往两眼中间做一些延伸。

眉骨较平，可以在眉毛上下边缘打高光。下巴后缩的，结合下唇部位的暗影，在下巴边缘扫一圈高光，就可以加强效果。太阳穴凹、额头窄、苹果肌不够饱满等，都可以通过打高光得以改善。

想要让鼻子显得高一些，可以在鼻眉交界处的三角区打暗影，山根处打高光，鼻梁上打高光，这样山根处就会看起来很高，视觉上有垫高鼻梁的效果。

鼻子长的姑娘可以把高光打浅一些，在鼻头留出一定的空间打暗影；鼻翼宽可以在鼻翼两侧打暗影，鼻尖加一些高光；如果鼻翼很尖，希望显得圆润一些，则可以横向打高光，可以起到拉宽的效果。

脸部是本来就很和谐的地方，不用追求太过夸张的对比，比如山根处本来就很高，则无须打高光——协调、自然的视觉感才是我们想要的效果。

38

彩妆的选择：选对彩妆，熠熠发光

❶ 关于彩妆的谣言

/ 谣言一：彩妆伤害皮肤 /

彩妆的确会伤害皮肤，因为彩妆用品都会添加一定的重金属元素。

同时，现在的空气污染很严重，裸露的皮肤也会因为空气中的粉尘颗粒和重金属附着，导致毛孔堵塞，久而久之皮肤就会渐渐暗沉。

但只要我们在化妆之后充分卸妆，给皮肤带来的伤害就可以忽略不计。

/ 谣言二：化妆品越贵越好 /

其实，平价产品中也有质量特别好的产品。

比如，一根十几块的眉笔和几百块的眉笔其实区别不会太大。再比如，平价口红和大牌口红无论从持久度、着色度、甚至滋润度（看质地）来讲相差也不大，只要挑对了色号，就可以完胜大牌口红。

/ 谣言三：化妆能变脸 /

抖音、快手、小红书等APP（应用程序）上有很多化妆变脸的小视频，我们时常也会看到明星化妆前后的对比。看过这些视频以及明星的例子之后，很多人会觉得化妆有变脸的效果。实际上，那种层层叠叠的妆容在现实生活中并不适用。

在这里，我们要明白一点：化妆的主要作用是提升我们的肤色光泽，让面部轮廓更立体，而不是彻底"换脸"。

/ 谣言四：化妆太费时间 /

舞台装因为复杂，可能需要几个小时来化，日常妆容我们追求的应该是自然修饰，完全没有那么复杂。

基础妆容练习一个月左右，基本就能在八分钟内搞定。

❷ 关于彩妆的选择

/ 粉底 /

按照粉质厚度分为粉状、霜状和膏状。

脸上无瑕疵或者少瑕疵，那么质地轻薄的粉底液就很适合；如果脸上瑕疵比较多，可以挑选质地厚重的粉霜。

想要追求妆感自然的姑娘，建议使用粉底液+遮瑕膏。

油性皮肤的姑娘最好选择控油能力较好的，皮肤比较干的姑娘可以挑选滋润度好的。

至于品牌，尽量选择超过十年的经典品牌。

/ 定妆 /

粉饼比较方便随身携带，对于油性皮肤的姑娘特别适合。

散粉则较为通用，粉质会相对细腻。

定妆喷雾对于追求方便的姑娘来说再好不过了。

/ 眉笔 /

建议选择显色度一般的硬笔芯砍刀眉笔，十几块的就可以了——因为一根上百块的眉笔跟十几块的眉笔最终呈现的效果区别不大。

/ 口红 /

大品牌和平价品牌口红在妆效方面来说并没有太大的差别。在颜色的选择上，裸色、西柚红、豆沙色都是经典色号。避免选择粉色系列和带有蓝调的口红。

/ 眼影 /

在所有彩妆之中，最推荐买大品牌的就是眼影了，大品牌的眼影粉质相较平价品牌会更细腻，更容易上色。

在颜色的挑选上，大地色的眼影比较适合黄皮肤的人群。

荧光系列的眼影和蓝调的眼影跟黄皮肤的亚洲姑娘不怎么亲和。

眼影尽量选择亚光的，即使有珠光也要选择微珠光的。

/ 眼线 /

初学化妆的姑娘可以用软头的水笔或者硬头眼线笔。眼线笔和眉笔差不多，大品牌和平价品牌区别不大，挑个经济实惠的普通款就可以了。

/ 修容 /

初学化妆的姑娘可以选择修容膏，一来比较方便，二来效果也不错。

等入门之后，可以尝试修容粉，后者会让妆容显得更加自然。

油性皮肤的姑娘尽量不要使用有珠光的高光，一旦出油以后会很尴尬。

第五章

发型的4个基本

头发，惊艳别人的第一眼

39

头发的作用：美好的头发，展现旺盛生命力

在找到适合自己的发型之前，我们应该先了解一下头发对个人形象的作用。

头发对于个人形象展示最大的作用，莫过于体现生命力。外貌的共性追求是年轻，年轻则意味着健康的体魄、旺盛的生命力。这种健康和生命力体现在头发上有两个方面，一是发质，二是发量。

/ 发质 /

润泽、坚韧的发质象征着健康旺盛的生命力，干枯杂草般的头发往往暗示着生命力的衰退。因此，头发的光泽和韧性是第一位的。

/ 发量 /

头发的多少也可以体现生命力的旺盛与否。

需要注意的是，我们识别一个人的发量多少，往往是通过头顶到发际线的距离，也就是颅顶距离的高低来判断的。

对比119页上面两张图片，第一张就显得发量较少，第二张则显得

发量较多。

❶ 体现形象变化

当我们更换发型后，比如长发突然剪短，或者染了新的颜色，立刻就能被熟人识别出来。而如果我们穿了一件新衣服，或化了一个新妆容，身边的朋友就不一定立刻察觉出来。可见，发型的变化是一种最直观的形象变化。

如119页中图所示的这三种不同的发型，就会给人带来不一样的感受。左边的发型，将整个视觉重心都拉到了上半脸，突出了精致的眉眼；中间的这个发型，则将重心转移到了下半脸，头的形状也会显得偏长一些；右边的短发则给人一种头骨扁方的感觉。

所以说，头发还有改善头骨轮廓，帮我们实现气质加强或跨界表达的作用。

❷ 修饰整体比例和脸形轮廓

一款好的发型不仅能够修饰脸形，还能够帮我们调节头肩比、头颈比和头身比，优化整体比例，在一定程度上还能让我们显高、显瘦。

从119页下图我们不难看出，从左至右，头身比、头肩比依次得到优化，右边的短发从视觉上缩小了头围，也最显高。

科学变美的 *100* 个基本

◁ 颅顶距离高显发量少

⋀ 发型最易体现形象变化

⋀ 发型修饰整体比例

形象力篇

40

不同脸型的发型选择：扬长避短展露精致脸

了解了发型可以帮我们修饰脸形、调节整体比例之后，接下来，我们来具体看看不同脸形的女性应该如何选择适合自己的发型。

❶ 瓜子脸

瓜子脸的姑娘们在发型选择的范围上相对更大一些。

需要注意的是，如果是蓬松短发，千万不要把发梢削得过薄，稍微保留一点发尾的厚重感，这样可以保持上下半脸的均衡，不会出现过于夸张的倒三角"既视感"。

◈ 瓜子脸发型 露出下巴的短发

❷ 圆形脸

圆脸姑娘的额头和脸都呈圆形，视觉上相对显胖，可以用两侧碎发或不对称斜

◈ 圆脸发型 有切割感

科学变美的 *100* 个基本

刘海儿来切割一下脸形轮廓，也可以在头顶制造一些蓬松感，视觉上把脸拉长。

❸ 方形脸

如果想减弱方形脸的棱角感，可以用两侧的头发遮住腮骨，弱化方形脸的腮骨边缘，减弱棱角感。同时，两侧的头发内侧可以用卷发棒烫出圆弧状，让方脸硬朗的棱角显得圆润。

◢ 方脸发型 遮住两腮 线条柔和

如果面部五官很立体，又想突出强大气场，就不必介意方脸的棱角。可以直接把头发扎起来，同时挑高头顶头发，增加竖向高度，让脸看起来更长一些。

❹ 菱形脸

菱形脸的最佳发型是超短发，让头发的弧度落在颧弓以上位置，遮住三分之一苹果肌，完美修饰缺点。想留长发或不适合超短发的姑娘，可以把头发扎起来，挑松两侧，让黄色标注的地方变蓬松，以补缺颧弓以上的额头部分。

◢ 菱形脸发型 两侧和头顶蓬松

这个发型还挑松了头顶，让脸显得更为瘦长，整体脸形更椭圆一些。

还有一些女性的脸形不太好拿捏，可以对照自己不满意的地方重点进行优化，做好取舍。在这里，我给大家总结几个大方向：

脸短宽可以增加头顶高度，脸长则增加两侧宽度，脸形不好判断的，斜分切割自己的脸。

另外，发型除了根据脸形选择外，还要考虑气质是否搭配。因为发型会给人或干练或甜美或清纯的感受，要结合自己的气质属性综合进行考虑。

科学变美的 *100* 个基本

41

发色的选择：不同发色表达不同气质

除了自然生长的黑色头发，目前在生活中常遇到的发色可以大致分为黄色系、咖色系、红色系和彩色系。

❶ 黑色系

黑发比较显稳重，能中和狐狸气质的艳丽感，加持绵羊气质的清纯感。如果是狐狸、绵羊型气质的姑娘想突出主气质，理想选择就是黑发。此外，黑发还是代表东方的发色，能强化突出美洲豹和凤凰型气质的东方气场。

❷ 黄色系

黄色系相对比较挑人，因为亚洲人的皮肤基本都是黄色基底，在明度更高的黄色染发映衬下，容易显得皮肤暗淡、多瑕疵，尤其是肤色暗黄又不爱化妆的姑娘。

黄色系发色适合皮肤白、气质西化的姑娘，比如气质百变的猫或身形较小的美洲豹型，她们染黄发或金发就不会有违和感。

❸ 咖色系

咖色系是最不挑人的。像巧克力色、深亚麻色都适合亚洲人肤色。还有一款万能的深棕色，虽然只比黑色浅一点点，但它带来的轻盈感和时尚感却能给人加分不少。

❹ 红色系

红色系和黄皮肤特别搭配，尤其是棕红色可以很好地中和皮肤里的黄色，让气色看起来很好。但因为红色——尤其是酒红色——是成熟女人的常用色，28岁以下的姑娘们要慎重选择。

⬤ 黑色、深棕色

❺ 彩色系

彩色系属于比较前卫的发色，像蓝色、绿色、紫色等，在日常生活中不怎么常见，需要前卫风的姑娘才能驾驭得住。

科学变美的 *100* 个基本

不同的气质类型适合不同的发色

气质		适合的发色
成熟系	美洲豹	黑色、黄色系、咖色系、较浅的发色
	凤凰	黑色、咖色系
	狐狸	黑发、咖色系
中间系	天鹅	红色系、咖色系
	猫	黄色系、咖色系、较浅的发色
减龄系	梅花鹿	咖色系、较浅的发色
	兔子	咖色系、较浅的发色
	绵羊	黑发、咖色系

不同发色宜忌人群

发色	适合人群	不适合人群
黑色	亚洲人大都适用黑发	比较胖、比较壮、头发较多
黄色系	皮肤很白皙	肤色暗黄不化妆的姑娘，会衬托脸色暗淡、多瑕疵
咖色系	都适合	基本不挑人的
红色系	适合黄皮肤	28岁以下
较浅的发色	皮肤的质感要求较高	有瑕疵、痘印的慎选

42

发型的日常打理：6招教你得心应手打理头发

日常打理头发时，除了要注意保护发质，造型时不仅要显出发量多（当然本身头围偏大、发量又多的姑娘则要注意不要过度膨胀），还要制造出一定的纹理感来打破沉闷感，增添时尚感。

/ 保护发质 /

枯黄、分叉、受损的头发要及时修剪掉。尽量不要烫发，烫发容易损伤发质，而且烫的造型会固定成型，给人一种刻意的感觉，不够自然。其实，洗完头发后用吹风机绕着发丝吹，就可以制造出蓬松的曲线。

/ 显发量 /

头发细软贴头皮、发量少、上庭窄的姑娘，尤其要注意头顶头发的蓬松度。在这里给大家介绍几个增加蓬松度和颅顶距离的方法。

/ 倒梳 /

用梳子倒梳发根，将头顶部位的头发梳得蓬松一些，然后喷上发胶。

科学变美的 *100* 个基本

/ 梳短发 /

头发越长，重量就越重，头发会被拉得贴紧头皮，颅顶距离就会显得很低。如果梳短发，则可以通过倒梳发根制造出一种蓬松的感觉，再用卷发棒卷出纹理，喷上发胶，就会显得比较洋气。

/ 戴假发 /

如果发量特别少，那就几乎没有什么造型可言了，可以选择假发。

另外，头发稀少软塌的姑娘，在洗护用品的选择上不要用主打柔顺的产品；吹发时可以试试低头从后往前吹；还可以用一些发根定型产品，保证蓬松度，增加发量感。

/ 制造纹理感 /

自己打理发型时，可以在手上抹点发蜡，然后用手插到头发里随意地梳一梳，然后再喷点质地轻薄的定型发胶，便可以制造出一种自然的纹理和层次感，为整体造型增添时尚感。

发型的日常打理其实并不难，多试几次就熟练了。希望读完这一节内容的你能够得心应手地打理自己的头发。

展示力篇

如果你想要改变自己的容貌，只要稍微改变一下脸部肌肉的形态，正确发力，容貌就会有一个"质"的变化。当然，首先你得拥有积极的心态。

第六章

表情管理的6个基本

收放自如，让你每时每刻都优雅

43

表情管理：神情松弛有度，可以增加气质

面部肌肉的使用，除了咀嚼以外基本都是用于表情，而面部表情对我们的容貌有着非常大的影响。

我们都知道，健身可以有效地预防身体的松垮和衰老，让身材挺拔、肌肉线条紧致优美。这个逻辑在面部也同样适用。

通过锻炼面部肌肉可以预防衰老，让面部肌肉的支撑力更好，还可以改变肌肉形态，让表情更舒展。

下面来看看表情管理的具体作用。

❶ 表情重塑，可以重塑容貌

首先，我们来看一个真实的案例。

右侧左图模特的表情记录了一张长期不高兴的脸，皱

⚠ 利用表情重塑容貌

眉肌发达，嘴角有一种无力的状态；上页右图是经过训练后的图片，呈现出微笑的表情。你会发现，她的面容舒展了，嘴角和下巴也更有力了。

这种直观的颜值变化，就是通过重塑肌肉形态带来的。

如果你想要改变自己的容貌，只要稍微改变一下脸部肌肉的形态，正确发力，容貌就会有一个"质"的变化。当然，首先你得拥有积极的心态。

❷ 管理表情，可以根本抗衰

很多人都以为脸部的皱纹是于皮肤表层产生的。其实，皱纹是由于面部肌肉层变化而引起的——肌肉层无法紧贴脂肪层，导致脂肪层下坠拉出了泪沟和眼袋，挤压出了皱纹。

▲ 通过表情管理抗衰

通过对面部肌肉的训练，我们可以让脸部肌肉发力更加对称，更有支撑力。我们可以看一下示例图，面部从不发力到发力，变化就很明显，看上去生机饱满了许多。

这就是表情管理对于抗衰的重要意义，我们除了注重对皮肤表层的保养之外，还需要慎重看待表情管理。

科学变美的 *100* 个基本

❸ 表情有度，可以增加气质

我们先来看一张图片，当看到本页左图这种笑容的时候，可能会觉得挺可爱的，但却不会给人一种有气质的感觉。这就是过度使用表情肌造成的后果，会给我们一种不克制、收不住的感觉。

再看右下这张图，明显会显得更好一些，因为表情比较适度，给人一种克制、能自控的感觉。

让面部肌肉柔韧有度，绝对是对气质的加分项。通过表情管理，可以让我们"更有气质"。

现在，对着镜子观察一下自己的脸，思考下哪些常用表情塑造了你现在的容貌。比如，你的眉距过大，是不是因为有挑眉的习惯？有川字纹出现，是不是因为平时总皱眉？

平时多注意表情管理，改掉不好的表情习惯，我们才能越来越美。

⬆ 过度使用表情肌、适度使用表情肌

—44—

为表情注入意识：不良表情的纠正

如果你仔细观察自己的面部就会发现，很多不良表情都是不知不觉中产生的，即我们的表情肌是不受"意识"支配的。如此，我们便要有意识地去控制面部肌肉的发力，让它们知道自己的职责所在。

我们可以分两步进行改善：

❶ 表情肌联动的测试

面部肌肉的三个分区：额头眼睛是一个区域，鼻子和颧骨是一个区域，嘴巴和下巴是一个区域。

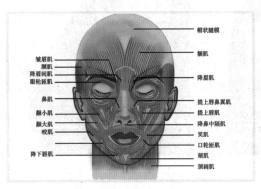

◀ 面部肌肉示意图

科学变美的 *100* 个基本

了解这三个分区后，现在开始进行测试。

测试额头肌肉与眼部肌肉的联动

把手轻轻放在眉毛上方，眼睛自然睁闭，如果眉毛跟着移动，就说明眉头的肌肉和眼周的肌肉产生了联动，即无法单独使用眼匝肌睁闭眼睛。上下左右转动你的眼球，如果眉毛跟着移动，就说明额头肌肉与眼球内核肌肉产生了联动。长此以往，不仅会导致眼睛疲劳，还会让眼皮和额头的皮肤越来越松弛。

测试鼻肌与面中部肌肉的联动

将手轻轻放在鼻中部最宽处的两端，正常笑和说话。如果能感受到鼻肌起伏，说明鼻肌与面中部的肌肉产生了联动。这会让你的鼻梁变宽，鼻子显短。长此以往，还会生出假性法令纹、鼻唇沟等纹路。

测试唇周肌肉与鼻肌的联动

将手轻轻放在鼻翼位置，正常笑和说话；如果感受到鼻翼拉伸、变宽，则说明唇周肌肉与鼻肌产生了联动。长期联动会让鼻头拉横，越来越松，视觉上会显得脸部宽大。

测试嘴巴收缩幅度

将手放在嘴唇上下两侧，正常笑和说话。如果嘴巴收缩在正常幅度内，手指是不会感受到拉扯感的；反之，手指则会感受到嘴唇的拉扯，证明唇周肌肉有过度内收现象。长期如此，会让你的唇周肌显得松弛无力。

❷ 用触发反馈法增强意识

触发反馈法的原理，是通过行为重塑去改变某个不良习惯。比如，要改掉不知不觉跷腿的习惯，可以在膝盖上放一本书。当腿跷起来的时候，书就会掉下来，这就是一种从无意识到有意识的触发。

眼匝肌、鼻肌以及颧肌联动纠正

平时说话的时候，可以将手指轻轻搭在图示中蓝色圆点标记的位置上，即鼻梁两侧最宽位置的核心肌肉区，或者用鼻夹固定。这个习惯养成只需要一周左右的时间。

挑眉表情纠正

用脱敏医用胶布竖着贴到你经常挑眉的位置，比如你常挑眉峰，那就沿着眉峰上面一直贴到发际线的位置；常挑眉头，就沿着眉头的方向贴；常挑眉尾就从眉尾往上贴。总之在你常挑眉的发力点上贴胶布。

如此一来，当你无意识挑眉的时候，这块胶布就紧绷起来，额头会收到胶布紧绷的反馈，慢慢地就可以给这块肌肉注入你的意识了。

皱眉表情矫正

在眉间横向贴一块胶布，这样皱眉的时候能够产生紧绷感，就可以提醒自己放松表情。

皱鼻子表情矫正

笑的时候鼻子往上顶，山根位置会皱起来，沿着鼻梁竖着贴胶布，注意让鼻肌同其他的肌肉区隔开。

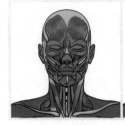 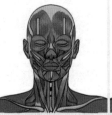 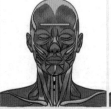 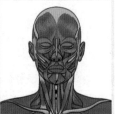

⚫ 眼匝肌、鼻肌以及颧肌联动纠正   ⚫ 挑眉表情纠正   ⚫ 皱眉表情矫正   ⚫ 皱鼻子表情矫正

     科学变美的 *100* 个基本

鼻翼拉横表情矫正

　　将手指轻轻地放在鼻翼两侧，注意不需要很用力地按压，只要轻放上去就可以，这样就足够给它注入意识。

嘴唇内收表情矫正

　　说话时将手指放在上下唇两侧，慢慢地，嘴唇就会有一个正常收缩幅度的指令。

　　如果以前从未有意识地感知过面部肌肉的运动，那么即刻行动起来，开始分段地去感知、控制并合理地运用表情。如果你有多个联动问题，可以一个问题一个问题地去纠正。

　　建议连续贴三天至一周的时间，如果无法保证连续矫正，也可以利用碎片时间。总之，意识越强越好。

45

表情的修炼方法：解决各种面部问题

明白了什么是肌肉联动、怎样为表情注入意识之后，我们就可以进入表情训练的环节了。再强调一下，之前注入意识、肌肉联动的动作每个都要持续三天到一周的时间。只有让面部肌肉松弛有度之后，后续的训练才会有效果。表情训练的4个方法：

❶ 按摩面部肌肉，让肌肉回位

/ 挑眉问题 /

确定你经常挑眉的位置，眉头、眉峰或是眉尾，用食指和中指从发际线向下竖向按摩。

/ 皱眉问题 /

用食指和中指从眉心位置横向向外按摩。

/ 既挑眉又皱眉 /

先竖向按摩，再横向按摩，这样可以让X形的肌肉回归到原来的位置。

科学变美的 *100* 个基本

 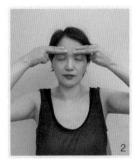

／ 鼻子和颧骨连起来的假性法令纹 ／

用食指侧面沿着法令纹横向沿着面颊两侧按摩。

／ 五官往中间挤的问题 ／

按摩步骤分两步：

○ 放松鼻肌
　　从眉心开始，向鼻梁的方向向下按摩，让变短的肌肉拉长。

○ 放松眼角
　　用手指从下眼匝肌的位置向太阳穴两边按摩，让向中间堆积的肌肉向外扩散。

展示力篇

```
1 2    5 6
 3 4  7
```

1 挑眉问题的按摩手法
2 皱眉问题的按摩手法
3 挑眉又皱眉的按摩手法
4 消除法令纹的按摩手法
5 放松鼻肌的按摩手法
6 放松眼角的按摩手法
7 放松唇匝肌的按摩手法

/ 舒展唇匝肌 /

用手指像捏鸭子嘴一样捏起来，嘴巴不要刻意噘起来。然后从嘴中间不断向两边按摩，放松唇周的肌肉。

再来说一下面部肌肉重塑的4个按压位置，这些点位都是由于肌肉长时间紧绷而造成的结节，所以按压时会有明显的酸痛感。

> 眉毛：眉头、眉峰、眉尾常发力的位置
> 鼻子：鼻翼两侧最宽位置
> 面中部：颧骨边缘最底部位置
> 下巴：找痛点或大面积放松

科学变美的 *100* 个基本

❷ 面中部训练，打造终极抗衰

/ 准备动作 /

腰背挺直，肩膀打开，然后肩膀下沉，下巴微微内敛，有一种头上拴一根线向上提的感觉。

/ 面部平板支撑 /

尝试让你的面中部肌肉隆起，不能拉横鼻头和鼻翼。接着检验一下嘴巴和下巴是不是放松的。

/ 平衡苹果肌 /

如果面部两侧的苹果肌一侧低一侧高，就要让低的那侧更用力，让两侧达到力量平衡的状态。

❸ 面部内核肌肉训练，精巧下半脸

第一步是一些训练动作的基础。身体正位，肩膀打开，头向上伸。

/ 拉伸颈前肌 /

头慢慢地往上抬，感受脖颈前侧带动胸大肌，你会感到明显的拉伸感。

/ 拉伸胸锁乳突肌 /

头向左侧或者右侧歪，下巴缓缓向上抬大概45度，同时目光向头倾斜的方向移动，来回按摩放松。另一侧依次使用同样的方法。

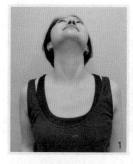

1	2	3
4	5	
6	7	

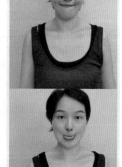

1 拉伸颈前肌
2 拉伸胸锁乳突肌
3 脊柱回位训练方法1
4 脊柱回位训练方法2
5 抬头吐舌头
6 卖萌嘟嘟嘴
7 下巴的前后移位训练

科学变美的 *100* 个基本

/ 脊柱回位训练 /

○ 第一种方法
　　平躺，下巴指向锁骨，用力挤出双下巴。如果感受到头到后背有一根筋在拉扯，那么你的脊柱就回到了正确的位置上。

○ 第二种方法
　　坐姿，吐气，肩膀下沉，挤出双下巴。如果你不是很胖，出现的双下巴并不是脂肪，而是脂肪组织液和蜂窝组织。随着脊柱回位，前侧拉力放松，它们都会被慢慢地代谢掉。

　　第二步是面部内核肌肉的训练动作。（见P142页图）

/ 抬头吐舌头 /

把头抬到最大幅度，用舌尖用力够鼻尖，舌头收回。反复做此动作。

/ 卖萌嘟嘟嘴 /

将两腮鼓到极限，再缩回到极限。注意要多感受两侧内核肌肉的发力。

/ 下巴的前后移位训练 /

将下牙主动地向前伸到极限，再向后缩到极限。

　　重塑下半脸的训练一共有七个动作，抬头吐舌头30次至50次即可，其他动作每次都要做至少1分钟，每天两次。

　　这七个动作对下半脸的重塑非常有帮助，对着镜子开始练习。只要坚持下去，肯定会发生变化的。

❹ 肩颈两侧肌肉训练，改善面部不对称的基础

首先先来自检一下，自己的面部不对称是由什么导致的。

 面部、身体不对称自检　　　　　　　　　　TEST METHOD

面部骨骼或肌肉附着不对称

可以对着镜子自检一下，额头两个最高的骨点，以及颧骨是否存在一高一低，或者一前一后的情况。鼻骨是否位于面中部正位，下巴是否位于下颌骨中央。如果发现偏差，就属于骨骼不对称。

有些人面部骨骼并不存在问题，两侧几乎完全对称。但由于说话时总喜欢单侧发力，久而久之，则导致两侧肌肉不平衡。

身体两侧不对称

可以让家人帮你拍正面和背面站姿的照片，对比脊柱是否有明显的歪斜，盆骨是否倾斜，以及后背有没有一侧高一侧低的情况；仔细对照后背的照片检测是否只能看到一侧脸，而看不到另一侧脸。如果有这样的情况存在，那就说明你的身体两侧不对称，进而导致面部不对称。

还有一个非常简单的自检方法，找一个体重秤，和一本与体重秤差不多厚度的书。一只脚站在秤上，另一只脚站在书上，测体重读数，然后换只脚再称。

如果体重相差在5公斤以上，就说明你的身体已经存在不对称的状况了。

自检完成之后，下面，我们就可以学习改善形体的动作。

面部肌肉附着不对称改善动作　　　METHODS OF IMPROVEMENT

改善大小脸

一方面要改善单侧用力的习惯，另一方面还要试着咬紧牙关，用手指关节沿着用力较多的那侧咬肌的走向按摩放松，要稍稍用力，使力道直达肌肉层。

改善高低眉和大小眼

只需将单侧挑高的额头肌肉从上至下按摩、放松即可。

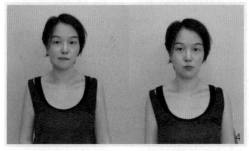

1 | 2 | 3
4 |
5 | 6 | 7

1　改善大小脸
2　改善高低眉和大小眼
3　矫正歪嘴
4　矫正歪下巴
5　斜角肌和斜方肌的拉伸
6　肩胛提肌训练
7　胸椎旋转回位训练
8　腰方肌拉伸

面部肌肉附着不对称改善动作

矫正歪嘴

首先，对着镜子做面部平板支撑练习，观察一下哪一侧的嘴角是低的，然后针对嘴角低的那一侧面部做矫正。

矫正歪下巴

先观察一下自己的上下嘴唇是否有错位现象，下巴是否位于锁骨中央上方。如果下巴偏左，那就让下巴向右平行移动；反之，就向左。

面部的改善动作都是单方面的矫正，所以，哪一侧偏，就往反方向矫正。

以上就是日常我们可以做的表情训练，这些动作都很简单，但我们依然需要与拖延、懒惰进行对抗。

身体不对称改善动作

斜角肌和斜方肌的拉伸

下巴微收，头向一侧偏，按摩脖子和肩膀连接的部位，再延伸到肩胛骨的位置。如果你的肩膀一高一低，就优先矫正肩膀高的那一侧，三天之后再进行两侧的拉伸。

肩胛提肌训练

头歪向一侧，下巴下转大概45度，可以用手放在头后部多施加一些压力，另一只手自然下垂，或者固定在椅子上。

高低肩的朋友可以先单侧拉伸肩高一侧，三天之后再双侧同时进行拉伸。

腰方肌拉伸

站立，一侧手臂抬起，将身体向对侧用力压，骨盆稳定不动，感受腰方肌的拉伸。同样，有明显高低肩的女性可以先拉伸肩膀高的那侧，三天后再进行两侧的拉伸。

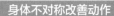

胸椎旋转回位训练

　　站坐都可以，但是要保持下半身的静止。

　　腿、盆骨、腰椎都不要动，再将两只手搭在一起，保持上半身稳定。

　　通过胸椎的力量把身体向左旋转到极限，保持一分钟之后，再向右旋转到极限，保持1分钟。

以上每个动作至少单次保持1分钟，一天至少做两次。

46

选择适合自己的笑容：嫣然一笑百媚生

在找到适合自己的笑容之前，我们先把那些容易令人越笑越"残"的笑容模式"揪"出来。你可以在看笑话或与朋友聊天的时候请人拍照，看看自己"不摆拍"时的笑容是什么样子的，再看看有没有以下的情况：

❶ 容易折损颜值的"坏笑"

· 笑的时候挤压出全脸纹路，俗称"笑崩了"。
· 用鼻子发力、易产生肌肉型法令纹或让五官变集中的笑容。
· 笑的时候拉伸太阳穴的肌肉，容易产生鱼尾纹。
· 容易让嘴唇越来越薄，产生口周纹的笑容。

无论幅度多大的笑容，主要的发力位置都应该是苹果肌，鼻子、太阳穴、嘴唇不会被拉扯，这是我们训练的大方向。

接下来，我会将笑容归类到四组基本笑容里面，大家可以根据想要的效果来选择适合自己的笑容。

❷ 选择适合的笑容

/ 露齿与不露齿的选择 /

一般情况下，露齿笑更灿烂，不露齿笑更端庄。

除了考虑笑容带给人的感觉，还有以下4点因素要考虑到。

- ·有凸嘴、龅牙等问题选择露齿笑，可以消除嘴唇的包裹感，提升自信。
- ·牙齿黄、牙齿不整齐可选择不露齿笑。
- ·嘴角两侧到面颊部的纹路多可适当露齿笑，以防纹路更明显。
- ·根据想要维持的脸形选择露齿或者不露齿。不露齿时维持原脸形，下巴会圆一些；露齿笑时脸形被拉长，下巴会尖一些。

/ 下巴是否用力 /

想让脸变长，下巴变V，看起来成熟一些，就要用力向下摊平下巴。

想要让脸形变化不大，维持原轮廓，下巴就不要过于用力。

想要让脸变短，下巴变圆，看起来内敛且减龄，下巴可以向上用力。

具体做法如P150页图所示：下唇向上兜。

/ 嘴角向上、向两边的角度 /

想要让脸变圆，看起来可爱天真，嘴角应该向两侧拉伸，但要注意，此时苹果肌为主要的发力位置。

想让脸变V，看起来成熟大方，嘴角应该向上拉伸。

4 | 5
```

1　让脸变尖的笑法
2　维持原脸形的笑法
3　让脸变圆的笑法
4　嘴角向两侧拉开的笑法
5　嘴角向上拉开的笑法

/ 笑容的幅度：大、中、小 /

　　如果你是文静的绵羊型，或妩媚的狐狸型气质，比较肉感，脸较圆，建议选择中小幅度的笑容。

　　面部骨感、五官立体感强，可以选择较大幅度的笑容，这样会显得十分大气，更符合自身的气质。当然你想要表现端庄感的时候，也可以采用小幅度的笑容。

　　如果你是绵羊、天鹅、凤凰这类静态气质的，尽量选择中小幅度的笑容。

科学变美的 *100* 个基本
```

如果你是属于美洲豹型气质，或者是活泼的兔子、梅花鹿、猫型气质，在不挤压出现面部纹路的前提下，可以选择中大幅度的笑容，会给人一种很爽朗、灵动的感觉。

另外，我们需要知道的是，笑虽然是一个需要力量的面部动作，需要面中部的起伏，但眼睛里面的笑意才是笑容的关键。

注意：练习笑容并不是让我们时时刻刻保持有控制的笑容。当我们尽情表达开心时，也可以爽朗地大笑，练习的目的是让我们对面部肌肉做出正确的调节。

47

不同眼神的修炼：百变眼神，百变的你

练习不同的眼神，是为了让我们的眼睛更加有神；先练习控制眼球的肌肉，让眼睛具有一定的灵活度。

❶ 眼神基础：训练眼球灵活程度的方法

/ 眼部的循环保养 /

首先，我们要保证充足的睡眠，适当地闭目养神。还可以用冷热毛巾交替敷眼睛，刺激眼周血液循环。

/ 眼匝肌训练 /

我将其称为眼皮的"平板支撑"。训练时把手放在眉毛上，额头肌肉放松，完全靠眼匝肌的力量。做这个训练需要适度练习，最长坚持睁眼15秒就够了。

/ 眼球灵活训练 /

头部保持不动，眼球跟随手指缓缓在空中画"米"字。左斜上

角、右斜上角，左斜下角、右斜下角四个方位，眼球再跟随手指正时针、逆时针旋转，尽量大幅度地转动到极限。每个动作保持30秒至1分钟。

/ 眼睛对焦训练 /

轻微不对焦，就练习有意识地朝一个方向看。

一侧眼球明显偏离，就用"独眼矫正法"。在正常的眼睛一侧戴眼罩，用偏离的那只眼睛去看东西。

有严重斜视或者明显不对焦的情况，建议通过小手术进行校正。

以上的整套练习动作每天至少要做两次，每次不少于5分钟。你可以利用一些碎片化时间来做这些简单的练习动作，只要坚持下去，就能得到很好的矫正效果。

在这里，我还要强调一下日常眼部肌肉使用的注意事项：

· 看非正前方的事物时要尽量转头带动眼睛去看。
· 不要单角度地侧卧看手机或者看书。
· 适当的闭目养神，用眼久了要远眺放松。
· 最重要的是，保持积极的心态。永远充满好奇、满怀热情地去看待事物，那么，你的眼神一定是透着光彩的。

❷ 笑眼、桃花眼训练方法

下页图是面部肌肉结构图，眼睛周围圈状的肌肉就是眼匝肌。通过苹果肌的隆起，挤压下眼匝肌，上眼匝肌不动，就会形成桃花眼。

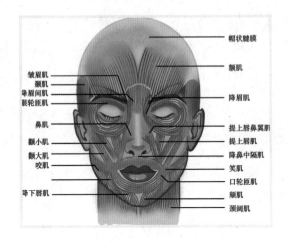

帽状腱膜

额肌

皱眉肌
颧肌
降眉间肌
眼轮匝肌

降眉肌

鼻肌
颧小肌
颧大肌
咬肌

提上唇鼻翼肌
提上唇肌
降鼻中隔肌
笑肌
口轮匝肌
颏肌
颈阔肌

降下唇肌

◀ 面部肌肉示意图

苹果肌向上挤压下眼匝肌，同时上眼匝肌向下压，把眼睛挤压成月牙形，这样就会形成笑眼。

注意：不要主动用眼匝肌眯眼，而是要让苹果肌更多发力，挤压出卧蚕。在这里，我们就要优先锻炼好苹果肌，并分别找到上下眼皮不同的发力程度，才能让眼神具备多样性。

❸ 不同眼神表达的修炼方法

通过了桃花眼、笑眼的练习，眼部肌肉就可以找回原有的力量，然后再进行眼神练习，就会容易很多。

眼神有很多种，在这里，我为大家挑选娇媚、天真、干练、平和这几种日常生活中常用的眼神供大家训练。

科学变美的 *100* 个基本

/ 娇媚的眼神 /

眼神中带有害羞和躲闪气息，可以充分散发女性气息。

微微低头，注意不要将头前伸，而是要将下巴低下来，挤出桃花眼。再用眼球斜角看出去，想象内心中有一股温热慢慢地从脊柱向上升腾，然后流到眼睛里。

练习的时候，我们可以想象自己好像看到了喜欢的人，让那种欢喜又娇羞的心情通过眼神流露出来。

/ 天真的眼神 /

这种眼神在我们想要表达天真、好奇时可以用到。

微微低头，眼匝肌用力，眉毛上挑，把眼睛拉圆，让黑色瞳孔完全暴露出来。感觉头顶有一股能量向上提着眼睛，意识放在上眼匝肌。

在这个练习里，我们可以发现自己最可爱的一面。

/ 干练的眼神 /

主持会议、汇报工作或是商务活动中经常会用到。

微微扬头，不要太过，眼匝肌最大发力，眉毛下压，拉近眉眼距。让胸腔有一股斗志向上升腾，将意识放在眼睛上，降低眨眼、眼球转动的频率。

在这个练习里，我们可以想象自己处于进攻状态，让自己的眼神更有穿透力。

/ 平和的眼神 /

日常生活中最常使用到的眼神。

 分解动作   ISOLATIONS

保证脊柱正位，平视，眼匝肌和面部中部微微发力。眼神既不羞怯，也不释放气场，保持全身放松，有一种既不冷也不热的温润感。

在这个练习里，我们可以想象自己的内心可以接纳、包容一切，认为你看到的所有事物都是美好的。这样，你的眼神自然就会宁静、祥和。

48

表情管理的注意事项：日常驻颜习惯的养成

前面讲了许多关于表情管理的训练方法，现在，我们再来梳理、总结一下表情管理的一些注意事项，更好地保持身心状态。

❶ 驻颜习惯的养成

保持规律的作息时间。充足睡眠+均衡饮食，养成利用碎片化时间运动的习惯。养成久坐后拉伸、轻轻搓脸、按摩头皮、眼球转动的习惯。

出门时注意佩戴太阳镜并使用遮阳伞，在日照温和的天气情况下适度日晒。

保证形体挺拔，有骨骼正位意识。无论站坐，都要让全身受力均衡。改善不良姿态，改变单侧发力、集中受力的习惯，尽量做到均衡发力。

保养容颜有两个很大的忌讳，我们需要格外注意：

过度节食减肥。这会导致骨骼失去支撑力，肌肉无法获取足够的营养，造成肌肉层与骨骼脱离，让皮肤迅速地松垮下去。

改正爱抱怨的坏习惯。这个习惯不仅耗能巨大，同时，易怒易躁的表情还会让面部肌肉分裂、拉松。

❷ 面部肌肉日常注意事项

任何时刻都保持面部的发力感。可以把头微微向后仰，苹果肌微微向上顶，再将头慢慢回位。

整个表情管理练习板块中提到的所有训练动作：意识注入，间隔每一块肌肉之间的联动；放松紧绷的肌肉；练习面中部肌肉的支撑力。

当你有了愤怒、紧张这些不愉快的情绪之后，需要及时按摩放松面部，消除肌肉对这些不良情绪的记忆。

要接受改变。由于先天骨骼条件的局限，和面部肌肉错误发力造成的损害，这一系列表情训练方法只能起到改善问题、延缓衰老的作用，并不能根除面部出现的所有问题。

❸ 美丽的终极心法

最后，也是最主要的一点，我们要学会接纳自己。

每个人都存在着自己的缺陷。所以，我们需要学会接受自己的不完美。只有这样，我们才能延展变化的边界，懂得向世界展示自己的优势。

最后，希望我们每个人都能身姿挺拔、面容舒展、眼里有光。并且，能欣赏别人，也能喜欢自己。

最重要的是，即便不完美，也能让自己活得很美！

第七章

色彩搭配的2个基本

不一样的颜色，不一样的美

49

色彩的基础：读懂色彩是搭配的基础

在这节开始之前，我们先来了解一下色彩在服装设计领域运用最多的基础知识。

❶ 无色彩和色彩

色彩其实有两个主要分类：一种是有彩色，也就是色彩；还有一种是无色彩，也就是黑白灰。

在下图中，不难看出，无色彩的配色会给我们传递出一种冷淡的感觉，而有色彩的配色则会传递出一种热情的感觉。

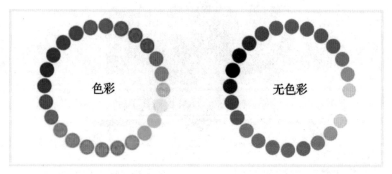

🔺 色彩和无色彩

❷ 美术三原色

色彩里的三原色是红、黄、蓝。这三个原色两两组合又出现了二次色，二次色再两两组合出现了三次色，最后它们再次组合，加入一定比例的黑白灰进行调和，就出现了我们视觉上看到的千万种颜色。

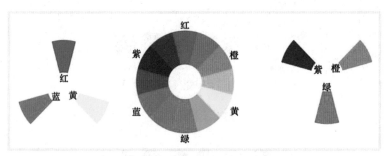

🔺 美术三原色

❸ 色彩的三要素

色相：就是用来帮我们辨别不同色彩的名字。如大红、普蓝、柠檬黄等。

明度：指色彩的明暗程度，也可理解为颜色的深浅。明度越高越亮，明度越低越暗。比如蓝色加入白色会变成浅蓝，明度就提高了，加入黑则会变成深蓝，明度就降低了。

纯度：指色彩的含色量，也叫饱和度。含色成分越大，饱和度越大；消色成分越大，饱和度越小。颜色越正，纯度越高，比如大红、宝蓝都是高纯度的颜色。

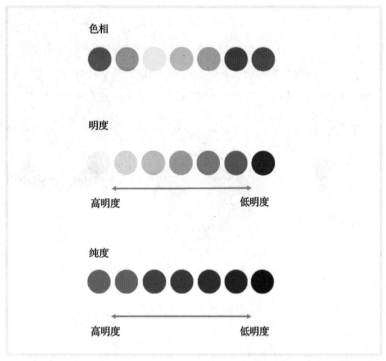

色相

明度

高明度　　　　　　　　低明度

纯度

高明度　　　　　　　　低明度

⏷ 色相、明度和纯度

❹ 服装配色的基本方法：

同类色：色相环上相邻的二至三色对比，色相距离大约30度，为弱对比类型。

邻近色：色相对比距离约60度，为较弱对比类型，如红与黄橙色对比。

对比色：色相对比距离约120度，为强对比类型，如黄绿与红紫色对比。

　　　　　　　　　　　　科学变美的 *100* 个基本

补色对比：色相对比距离180度，为极端对比类型。

了解了这些基本色彩常识之后，我们可以发现，其实，就服装搭配来说，并没有绝对不能用的颜色。比如，很多人认为紫色是最难驾驭的，但把它运用在鞋子上，或者加入了灰调的紫色，就不会再有那么强的视觉冲击性。

因此，我们可以通过控制色块面积的大小，以及改变其纯度和明度进行灵活运用。

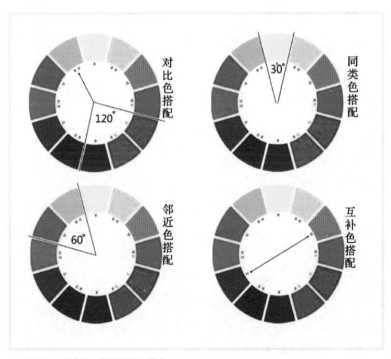

⚠ 对比色、同类色、邻近色和互补色

50

色彩的情绪：每一种颜色都会说话

❶ **色彩感受类型**

色彩感受分为三类：强烈色、轻柔色、 模糊色，我们可以通过下面的色调图来感受一下：

/ 强烈色 /

饱和度高的颜色给人的感觉是大胆、艳丽、快活、华丽，强烈色互相组合会非常出挑，能够表达出热情、大胆和前卫的感觉，这就需要着装的人骨架轮廓明显，且有较强的时尚感，才能与之匹配。比较适合气质九宫格里具有前卫、大胆特质的美洲豹、梅花鹿、狐狸型气质的人。

/ 轻柔色 /

浅一点、灰一点的淡色给人一种细腻、温馨、柔润、轻巧的感觉，这些颜色都有减龄的效果。特别是当轻柔与轻柔的颜色组合时，会给人一种温柔、清纯的感受。

轻柔色会给人传递一种温暖、知性、亲和、清纯、减龄的感觉，除了美洲豹型气质的人不能大面使用外，其他的气质均可以适当选择。

　　/ 模糊色 /

　　颜色中加了很多黑或者灰以后，色相变得越来越不明确、模糊，给人一种神秘莫测、消沉的感受。

　　模糊色会传递一种禁欲、距离、界限、清冷、保守的感受，较适合美洲豹、凤凰、成熟的天鹅型气质的人使用。

　　可以加入少量艳色平衡过于成熟的气质，比如，背一个亮色包，或者是浅色的头发和鞋子，都能够起到很好的平衡作用。

　　❷ 色彩组合

　　强烈色+强烈色：即通常我们说的撞色搭配，会给人很艳丽出挑的感觉。

　　强烈色+轻柔色：可以起到中和作用。使强烈色变得没有那么艳丽，同时轻柔色也会变得没有那么轻巧了，给人既柔和又大胆的时尚感。

　　强烈色+模糊色：是我们常用的一种搭配。模糊色可以削弱强烈色的艳丽感，是一种较容易驾驭的颜色组合。

　　轻柔色+模糊色：轻柔色能够提升模糊色的亮度。如果穿太沉重的颜色，比如黑色，就可以用轻柔色来提升轻快感，打破沉重感。

1 | 2 | 3
4 | 5

1 强烈色+强烈色示意图
2 强烈色+轻柔色示意图
3 强烈色+模糊色示意图
4 轻柔色+模糊色示意图
5 轻柔色+模糊色+强烈色示意图

科学变美的 *100* 个基本

轻柔色+模糊色+强烈色：既想有一点温柔感，又想显得比较沉稳，还想用一点强烈色来提升视觉冲击感，增加时尚感，不妨尝试这种色彩搭配。

以前由于化妆技术不发达，为了显肤色会对服装的色彩有所要求，但随着化妆技术的发展，利用化妆就可以达到显气色的目的。

对现在的人来说，色彩搭配反而不会起到决定性的作用，而是与服装的设计相结合，共同为我们服务。

没有什么颜色是一定不能用的，我们可以控制颜色面积的大小或者调整明度与纯度，起到平衡的作用。

比如美洲豹型气质的人想用减龄的粉色，可以选粉色的小包或粉色的鞋，也可以使用低饱和度加了灰调的粉色。

最后，推荐几乎适合所有人的莫兰迪色，也就是往彩色里加了灰度，保留了彩色感，但又没有很强冲击感和对比度的颜色。这种颜色能中和肤色里面的灰度，是比较百搭的颜色。

⌃ 莫兰迪色调

第八章

服饰的30个基本

精准穿搭，要美就要美全套

51

服装的3大派系：大气系、中间系和减龄系

我们把常见的服装属性分成三个类别，对应的特点如下表所示：

常见的服装属性三个分类

属性	剪裁面料	颜色	图案	元素
大气系	面料硬挺、设计多尖角、直线剪裁	黑白灰无色、高纯度艳丽色	图案夸张、抽象、大几何、大花朵、宽竖条纹、豹纹等野性图案	铆钉、大金属拉链、渔网、高开衩、露腰、露大腿等
中间系	面料垂坠有重量感，设计多直角，剪裁直线、线段拼接	无色系、莫兰迪色	图案横条纹、窄竖条纹、刺绣、中型印花	露肩、蕾丝、透视、流苏等
减龄系	面料柔软、设计多圆角、曲线剪裁	马卡龙浅色系、高明度色系	马卡龙浅色系、高明度色系、图案	蝴蝶结、飞边、泡泡袖、花朵蕾丝

下面，我们结合真人示例图一一加以分析：

大气系、中间系、减龄系，在这三个类别里，如果剪裁、面料、颜色、图案等元素都是同一个类别的，那么这件衣服所适用的人群就会非常精准。比如，标准大气系衣服只适合外形成熟硬朗、雄性感强

the M S

GIVE YOU A NATURAL

YOU

ECEDEN

MAKE

CHAN

☁ 中间系服装

☁ 大气系服装

科学变美的 *100* 个基本

的美洲豹和凤凰型气质的女性。因为她们的直线感比较强，可以驾驭得住大气系服装。

标准的减龄系只适合外形特质女性化较强的女生，比较减龄的绵羊和兔子型气质的女生。她们在外形上是比较圆润流畅的，气质或甜美或清纯，搭配减龄系的服装，更能强化凸显自身的特质。

其余的服装类型大都较为适合中间系的人群，以及那些看起来成熟度、精英感比较适中的女生。因为她们本身的特质比较适中，和中间系的服装最为匹配。

买衣服的时候，不妨多和其他衣服做一下对比，挑选搭配最适合自己气质的服饰，为你的个人形象加分。

▲ 减龄系服装

——52——

服装的3种基膜联想：男装、女装和童装

在上一节内容中，我们讲到了服装的三个类别：大气系、中间系、减龄系。

下面，我将分享一种简便的方法——"基膜联想"，帮助我们快速识别、区分一件衣服的属性。

在这里采用三个基膜：男装、女装和童装。

❶ 男装基膜

西装、军装都是男性特征明显的衣物，直线剪裁出的尖角有锋利感，面料硬挺，颜色一般是纯色或者模糊色无图案，给人一种大气干练的感觉。

❷ 女装基膜

像裙子这种贴身剪裁的衣服，大多会采用亮丽轻柔的颜色和有花纹图案的面料，给人一种温柔、妩媚的感觉。

❸ 童装基膜

童装则多采用碎花图案，以及花边，蝴蝶结，毛茸茸的配饰，堆叠的纱网，配以粉嫩、艳丽的颜色，给人一种天真可爱的感觉。

当我们拿起一件衣服，先观察一下哪种元素最多，如果有过多的男性化要素，它就是偏大气的，如果你是软萌可爱的减龄系气质，穿这样的服装就显得气质冲突。

如果有较明显的女性元素，就是偏甜美的减龄系，硬朗气质的女孩穿不合适。特别是像狐狸型气质的女性就不适合。因为过多的女性元素堆叠在一起，会显得过于甜腻。

如果存在明显的童装元素，年纪较大或者比较成熟的姑娘就不适宜。

这就是最简化的基膜联想。所以，建议你在买衣服的时候，多用男装、女装、童装的比较思维来进行对比。看多了，你就会对服装有基本的概念。

⚑ 男装基膜

⚑ 女装基膜

⚑ 童装基膜

—53—

服装的廉价感：花最少钱买看起来最贵的东西

我们应该对"廉价感"都有模模糊糊的概念，现在，我们就来系统地了解一下服装的廉价感是如何产生的。

❶ 基膜联想：网络爆款、乡村名媛、颜色多彩

如果一件衣服一看就会联想到爆款的"乡村名媛风"，比如那种特别粉嫩的衣服，或者较为暴露的着装，那么，不管价格高低，都会给人一种低端的感受。

❷ 本身造价：做工差、色牢度低、面料密度不均

造价低的服装面料易掉色、针脚歪斜，很容易就会给人一种"廉价感"。

而一件看起来很优质的服装，在面料选择上一定会很讲究。比如，下页左图这件呢料大衣，感觉很垂坠，合体而宽松，给人一种高级感。而下页右图的大衣腋下和腰部不舍得用料，紧紧巴巴的，就会

⚠ 高质感和低质感的大衣对比

给人一种廉价感。

❸ 视觉经验：不平整、光泽感过强、过暗

看起来不平整，或者光泽感过强或过暗，以及轻飘没质感，或显得陈旧的衣服，都会显得没有质感。

❹ 旧生产力：旧面料、工艺、老花色

不是这个时代生产力水平下的面料，比如，那种细细的松紧带，特别容易有廉价感。平时随便穿穿没关系，但若用在一件礼服或者大衣上，就会显得不那么高档。

分析了廉价感产生的原因之后，我们再来看一下如何花最少的钱买到看起来最贵的东西。

/ 颜色 /

如果选择了较便宜的低价服装，尽量不要买高饱和度和高明度的颜色，可以选比较显质感的模糊色或莫兰迪色。

/ 面料 /

要避免选择那些低密度较为发飘的面料，选一些垂坠挺括，有支撑感，光泽度比较低的，款式以简洁的基础款为主。

/ 投资方向 /

时尚款不要花高价去买，像大衣这类经典款要舍得投资，做工好的大衣可能五年甚至十年后都不会过时。

科学变美的 *100* 个基本

54

显高显瘦的原理：5大原则让你看起来又高又瘦

选衣服时，我们都会有修饰身材的诉求，所以显高显瘦便成了一个共同需求。

❶ 视觉对平面面积的识别最为直观，对立体面积识别则无概念

比如一张A4纸，平铺时我们就可以很轻易地识别出它的面积，但如果将它卷成一个圆柱状，我们就无法识别了。

穿衣服也是同样，那种有竖条纹的衣服，尤其是标记了身体边缘的，对比那种横条纹而没有标记身体边缘的，就会显得很胖。

如右图所示，很直观地就能看出两者的差异。

⬆ 竖条纹标记身体边缘反而没横条纹显瘦

② 肤色即裸色是最弱的识
别色，能起到弱化边界的作用

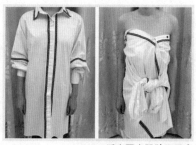

适当地裸露皮肤就可以显
瘦。如右图所示同一个人，裸露
的皮肤程度不一样，胖瘦对比就
会很明显。

△ 适当露出肌肤更显瘦

③ 引导他人竖着看我们，比拉横看更容易显高显瘦

同样的长宽比，如下图（左）中两个同样的长方形，竖着看就比
横着看要显得长而窄，横着的则会感觉比竖着宽，且更有体积感。

④ 视觉总是在寻找落脚点，会落在全身最吸引眼球的地方

如下图（右）中的女孩，我们的关注点会自动地落在蝴蝶结上。
所以，你想突出哪里，就可以把较为吸引目光的元素放到那里。想让
别人的视觉放在上半身，就吸引对方往上看，这样的视觉落点会让我
们显得更高。

△ 同样的长方形竖看比横看更显长

△ 视觉会落在全身最吸引眼球的地方

科学变美的 *100* 个基本

⑤ V型有延伸效果，可以在视觉上拉长标记物

V领可以在视觉效果上拉长脖子和脸，尖头鞋可以拉长腿部线条，我们在日常生活中都有过这样的感受。如右图，同等长度的直线，我们会不自觉地认为左侧的更长一些。

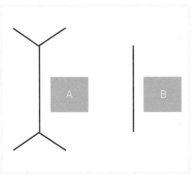

◢ V型有延伸效果

⑥ 视觉会本能地简化信息

我们的视觉判断还有个特点，觉得身体露出的地方是瘦的，就判断人是瘦的，所以要露手腕、脚踝等身体较为纤细的地方。

下图中的同一个模特，右图卷起袖子露出手腕，给人的感觉就更瘦一些。

知道了这六个原理之后，相信你已经知道日常穿着该如何扬长避短了。

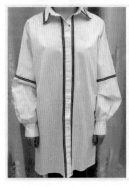

◢ 露出部位是瘦的就显瘦

—55—

不同身材的修饰：不同身材不同穿法

在这一节，我们具体讲解下不同身材的修饰方法。

❶ 矩形身材

矩形身材没有明显的腰身，如果想突出腰身，增加曲线感，上身可以选择蝙蝠衫型的衣服，下身可以选择A字裙或者裤子，视觉上可以打造出一种X形的效果，这样便会显出腰身来。

或者可以直接穿X版型的衣服，也能达到效果。

也可以根据表达需求在一些商务谈判场合，突出自己的H形直线身材来显示干练感。

▲ 矩形身材

❷ 高脚杯形身材

高脚杯形身材可以选择大V领的衣服，再适当地露出一点锁骨和

科学变美的 *100* 个基本

纤细的手臂，弱化上半身的整体面积。或者在胯部位置增加一点修饰，穿带假胯的萝卜裤，都能让肩宽和胯宽在视觉上达到平衡。

高脚杯形身材携带了大量的雄性力量感，可以大大方方展示出自己上宽下窄的身材，显得很帅气，有一种中性之美。

❸ 梨形身材

如果是胯部稍微宽一点的梨形身材，可以选择肩部硬挺的服装，在肩膀上增加外延装饰，如肩章、垫肩，向外横向拉伸的设计，如飞飞袖，有装饰的一字肩等来增加肩膀的面积，与宽一点的胯部进行平衡。

还可以露出漂亮的锁骨，或者系一条合适的小丝巾，都能让人把视觉重点落在上半身，从而忽略下半身。

梨形身材的女性，穿紧身的衣裤会特别性感。如果是大梨形身材，腰腹部和臀部的肉特别多的话，尽量不要穿裤子。

❹ O形身材

O形身材可以通过穿宽松且垂坠感强的外套，切割腰中段两侧的边缘，在视觉上进行弱化。在面料和颜色的选择上，要选择垂坠、飘逸、轻盈感的服装。

56

服装的表达：看懂衣服的气质再选购

很多姑娘在拿起一件服装时，就会对服装的风格有一些模模糊糊的感受，比如碎花元素是比较稚嫩的，硬挺皮质面料的是比较帅气的。也就是说，大多数姑娘是能够"听懂"一件服装所表达出的"语言"的。

但是，这种感受往往不那么清晰。在前面的内容中，我们讲过服装的三个类别——大气系、中间系和减龄系，其实就是这些话语的具体拆解。仔细思考并理解这些知识，你就会越来越懂一件衣服在跟你"说什么"。

比如说同一件白色波点衬衫，同样的垂坠度，密集的小波点更适合减龄系的人；分散的大波点则偏中间系，适用范围也会更广一些；成熟气质想要减龄可以穿，减龄气质想要职业化一些也可以穿。

我们的衣柜中要增加这种中间系的衣服。

再比如一条灰色阔腿裤，如果前面有一条裤缝，而且是比较直筒的H版裤型，就会有一种严肃感，适用于工作场合，在休闲场合穿这种裤子就不合适；如果没有裤缝，做成小A形，这类裤子适用场合就更

　　　　　　　　　科学变美的 *100* 个基本

广泛，可职场可休闲。

所以，当我们拿起一件服装时，或者被某件衣服打动时，要多跟它认真"对话"，把它拆解成最小的元素，看看它都表达了些什么，表达的元素与你的气质是否匹配，能应用的场合范围是否广泛，是不是你的真正所需。

希望你在看完这些基本点之后，对于服装选择能有更清晰的认知，也能够更细微地感受到服装传递出来的感觉，不再"冲动"购买。

57

不同气质的服装侧重：九宫格气质购衣法则

大多数人的气质都不是很纯粹的，是主气质与参与气质杂糅而成的混合气质。同理，不同的服装气质也各有侧重。

下面，我们就来介绍一下不同气质人群的服装宜忌。

❶ 美洲豹气质适合大气系服装

美洲豹是九宫格里唯一能够大面积裸露皮肤而不显得暴露的气质属性。想要弱化美洲豹属性，可以选择服装类别里的中间系，或用大气系的颜色和元素混合亲和系的面料或颜色，但不能混合亲和系的图案和元素。

❷ 凤凰气质偏大气且禁欲系

凤凰气质能够很好地驾驭"御姐范"、复古风、性冷淡风，但不能大面积的暴露，露肩就不要露大腿，露了大腿上半身就要严实一些。同时也不适合一些金属感、豹纹类的野性外漏元素。

❸ 狐狸气质女人味最强

狐狸气质是最忌讳廉价感服装的气质，不适合潮牌和街头风。忌讳穿着过度突出女性特征的黑色丝袜、透视和蕾丝元素。

狐狸气质非常适合高纯度的颜色和华丽的异域感服装，比如波希米亚长裙、几何撞色拼接，也很适合穿旗袍。

❹ 天鹅气质可以选择中间系、综合大气系

天鹅气质想要大气一点，可以用中间系服装提升气场；想减龄就综合减龄系的元素；想凸显干练气场，可以选择黑、白、灰、驼的中间色；不想出错的话尽量选择简洁，无多余装饰的服装。

天鹅很适合露出脖颈和锁骨肩线，增加优雅度。忌讳非常街头炫酷的、野性的、大面积暴露的服饰。

❺ 猫气质可以驾驭多种风格服装

猫气质可以根据自身的条件驾驭多种风格，但是一定要严格划分年龄。

年轻的猫可以穿甜美慵懒一些的衣服，用减龄系中和一些大气系的元素，走甜美、朋克、甜心、混搭潮流的路线，忌大气场的看似很干练的服装。年长一些的猫气质女性可以往天鹅或狐狸的气质路线上考虑，整体的搭配元素要简洁，减少设计感，减少减龄系的元素。

猫气质的整体柔韧感好，适合露腰、手臂、大腿，会有些并不艳俗的小性感。

❻ 梅花鹿气质适合潮流感的服装

梅花鹿气质是九宫格里最具时尚感的气质，符合目前的主流审美，即使身上出现多处设计感，也不会有太大的违和感。

年轻的小鹿适合混搭、叠穿，潮流感比较强的服装；年长的小鹿可以参考凤凰的气质来搭配服装。梅花鹿型不适合少女风和成熟的装扮。

❼ 绵羊气质选择中间系中和减龄系

绵羊气质忌穿美洲豹、狐狸型气质的服装，一些街头时尚感足的也难穿好。可以选择中间系中和亲和系的服装元素，适合一些仙女风、文艺清新风、森女系服装，颜色多用浅色系。衣服不能有浑浊不干净的视觉感，搭配种类也不要过多重点，可以多选购一些日韩的品牌。

❽ 兔子气质驾驭范围最小

学院派、日系甜美风都很适合兔子气质，偏瘦的兔子也可以走少女风，突出时尚感。想要有些成熟女性的特征，可以往大气场上偏一下，但不适合强气场的服装，可以多参考日本女星穿搭，不要参考欧美系。

兔子气质尤其不适合野性、犀利风格的衣服。

❾ 羊驼选服装前先统一自己的气质

羊驼首先要通过化妆、发型和穿搭去弱化自身的冲突，服装的选择上以中间系服装为主。

科学变美的 *100* 个基本

58

使用性最强的服装单品：百搭元素连连看

说完了各种穿法，我们知道了时尚是将服装传出层次感来。想让自己增加时尚感，需要一些不易与其他服装产生冲突的超级单品在中间做一个链接，让过渡更自然一些。

我将这样的衣服称为"超链接单品"。

下面列出的这些单品就是能起到很好过渡作用的超链接单品，如果你的衣柜里没有，可以优先补充。

❶ 条纹

条纹让人有一种青春的联想。青春是一个很中性的词，既不代表粉嫩可爱的减龄风，也不代表成熟，减龄系的姑娘穿着可以显成熟，成熟系的姑娘穿又能减龄，是非常实用的超链接单品。

但是，所搭配的衣服也要日常，不能太过于极端，比如鱼尾裙，条纹衫。

❷ 牛仔

牛仔元素同样具备青春的联想。包裹性不强的牛仔衬衫也可像条纹衫一样，起到内搭过渡的作用。既可以柔化成熟系姑娘的硬朗感，也适合减龄系女性的职场化表达。

❸ A字裙

A字裙的剪裁要既不过于直线，也不过于曲线。但要注意面料的筛选，不要选择过于硬挺厚重的，也不要选过于柔软蓬松的面料，应该选择垂坠有质感的面料，这样才可以帮助我们链接很多其他单品。

❹ 针织衫、毛衣

说完了春夏的链接品，再来说一说秋冬好用的链接品——针织衫或者毛衣。

可以入手一些模糊色、纯色的基础款式，选择直线剪裁又有一定垂坠感，面料很柔软的款式。无论是干练一些还是想温柔一些，甚至高冷一些，它都能够与相应风格的服装进行搭配，起到链接的作用。

以上都是一些日常好搭配的超级链接单品，衣柜里一定要配备。

你可以将前面提到的知识应用到生活中，多思考衣服本身的基因是什么样的，然后再与其他款式进行融合。

衣柜中加入这些百搭单品，很可能就会"盘活"很多压箱底的衣服，不妨尝试一下。

◢ A字裙素人示范

◢ 针织衫素人示范

◢ 牛仔素人示范

59

服装挑选误区：避开买衣服时的那些坑

在购买衣物时，一定要特别注意以下误区：

❶ 总想买点特别的

有些衣服天生就是错误单品，谁穿都不会好看。

一件单品如果有超过两处重点设计，视觉上就会没有落脚点，尽量不要选择。

/ 重点设计 /

艳丽色、不常见色或撞色的使用、图案、设计元素。

/ 过度设计示范 /

△ 过度设计的衣服

假两件、几何、透视、波点、撞色。

如何判断一件衣服过度设计呢？一件衣服，如果每次看到的重点都不一样，就属于过度设计。要克制住想买特别衣服的冲动，因为衣服有

科学变美的 *100* 个基本

多特别，就有多挑人。

最好穿的服装其实是基础款、基础色，通过基础款服装的不同组合，就可以搭配出整体的协调感。

❷ 仅凭自己的偏好去挑选

服装的挑选要结合自己的硬件条件在一定范围内进行选择，而不是"我喜欢什么感觉就选什么衣服"。

❸ 被爆款、明星同款、大牌仿款所吸引

很多人会被模特、明星所穿的衣服吸引，错误地认为是这样的衣服就好看，其实是明星穿上才好看。可以冷静地想一想，衣服如果只是挂在衣架上，效果又是怎样的？

大牌仿款虽然看起来和品牌服装样子差不多，但在打版、用料、工艺上往往差别很大，大牌一般很难模仿的，因此不建议大家购买大牌仿款。

❹ 避免廉价感

服装的质感很重要。一般来说，如果一件衣服看上去用料紧巴、做工差、颜色多且饱和度高的话，不建议购买。

60

购衣心理警惕：买衣服警惕心理执念

我们每个人在日常购衣的时候，都可能有过以下这些心理活动：

❶ 购衣"执念"

什么是执念？对某些事物极度执着而产生了过度追求的念头。购衣时如果被执念绑架，很容易错失自己的"立体面"。

当你警惕这种执念之后，才有可能去尝试以前不喜欢的东西，找到惊喜感，看到自己的多变性。那么如何快速找到自己的执念呢？将衣柜里的衣服分类拍照，然后放在一起对比。

⚠ 警惕自己的购衣执念

科学变美的 *100* 个基本

上页图片是一位我们28天训练营学员的衣服，你会发现她的衣服几乎都是裙子，尤其喜欢蕾丝、露肩、显腰身的款式，是很明显的"女人味"执念，而她本人恰恰是比较偏成熟、硬朗的凤凰气质。

❷ 两个"极端"

一是"这件我还没有"；二是"这件我穿不着"。

购衣时要在脑中考虑着装场景：这件衣服适合什么场合穿？家里缺少哪些常用场景的衣服？买回去和已有的衣服如何互相搭配？这样就可以避免很多无目的的购买。

❸ 自行"脑补"

购衣时要客观，千万不要靠"脑补"去购买衣物，因为我们的大脑会自动"脑补成像"。而且还要告诉自己，第一眼看中的要慎重试穿购买，要科学地看衣服、看自己。

❹ "划算"的陷阱：

我们在购物的时候，经常会被促销打折的商品吸引，因为感到很划算。其实，买回去却无法穿的衣服根本不划算。实际上，最划算的是每花一分钱出去都能达到其应有的效果。

希望读者朋友在了解了这些知识之后，在购衣的时候能够"自己"做主，活出最真实的自己。

购衣时不要"脑补"

科学变美的 *100* 个基本

61

试衣服注意事项：4点帮你试对衣服，买对美衣

试衣服是决定购买的重要环节。如果你现在遇到的问题是逛一天也买不到一套合适的衣服，或是买回家就再也穿不出在商场试穿时的效果。那么，你要格外关注以下这些要点。

❶ 试衣服时注意身姿、妆容和发型的配合

我们要切记，形象是系统整体的事情，穿搭只是一部分，需要有合适的身姿、妆容、发型来配合。如果你素面朝天去逛街试衣服，很可能穿什么都不觉得好看。

所以，无论是去商场逛街买衣服，还是在网上买衣服回来试，都需要先画一个基础妆，让自己的肤色亮起来，让自己的眉毛和唇色有对比度，头发也要进行相应整理。

保持身姿挺拔，要有"我最美"的感觉，这时候，衣服和人才能相互衬托，达到最好的效果。

❷ 在商场试衣服要警惕镜子、灯光的陷阱。

商场里的镜子和家里的镜子是不一样的，它会让你显得又高又瘦，可是回到家再试穿就会被打回原形。因此，最好带一位朋友，从第三方视角为你提供一些建议。如果是自己逛街，就要更客观地观察自己。

还有，商场的灯光配合试衣间的环境往往能够营造出一个很好的场景。所以，要想象自己穿着这套衣服出现在日常场合中是否合适。

❸ 在家试衣服要清理干净周围的环境

场景杂乱会让大脑感到不舒服，也会干扰镜子中的信息。衣服看着不好看，有时候可能不是衣服的问题，而是整体环境出了问题。

另外，衣服也要熨烫后再穿，以免影响穿着效果。

❹ 1.5米以外照镜子

我们每个人的身材或多或少都有缺点，有些女性更是有选择性地关注自己的缺点，会特别注意衣服的某一处设计是否遮住了自己平时特别介意的缺点——就像拿着放大镜局部观察一样——这显然是不客观的。

正确的做法是穿上与服装搭配的鞋子，然后站在1.5米以外照镜子——因为别人看你时一般也是1.5米以外的视角。然后来回走几下，看看服饰的动态表现，有没有变形收缩等问题。

62

增强服装时尚感的整理方法：整理细节，突出随意感

时尚是一种不经意的感觉。我们看很多明星、博主的街拍，给人展示的也是一种衣服随意穿的感觉，那么，我们该如何塑造出这种随意感呢？

在这里，我们要格外注意扣子、袖子、下摆、裤脚的细节整理，具体方法如下：

❶ 扣子

只要是有扣子的衣服，可以尝试系上全部扣子或解开一两颗，或者故意系错的不同感觉。同时，也可以立起领子，或者将领子向一侧、向后拉一拉，多变换几种花样，打破中规中矩的感觉。

❷ 袖子

可以先随意地撸上去，然后再把袖子从内向外旋转，设置衣服整体的膨胀度和圆润感，并且找一找袖子褶皱的不同形状所带来的不同

穿衣时袖子的细节整理

科学变美的 *100* 个基本

感受。

具体袖子撸到哪个位置，需要姑娘们从手腕处一直往上试，寻找最适合自己的高度。但需要注意的是，如果胸部比较大，袖子就不能撸到与胸水平的位置，以免拉横；上身比较窄的姑娘，就可以撸到上页右下图所示的这些位置上，这样可以让上半身变宽，头肩比也会和谐很多。

❸ 衣服下摆

可以用不对称的处理方法，从下方解开一颗扣子把一半上衣塞进裤子里。想显瘦的姑娘可以将上衣前面的两片衣襟分别向对侧塞进裤子里，制造出V形，使其有往中间延伸、把上身往下拉的感觉。

还可以将下摆进行变形，比如解开两颗扣子把它拧一圈再塞到两边，这样上衣下面就会出现更多的褶皱，也就有了人造花边的效果。或者还可以小露一点肚脐，更显时尚感。

❹ 裤脚

挽起裤脚或者露出脚踝既显瘦又显得时尚。同样，在挽起裤脚时不要太工整，也要有随意的感觉。

🔺 衣服下摆的细节整理

科学变美的 *100* 个基本

63

服装的创意造型：细节处造型，提升时尚感

说完通过服装搭配来塑造出时尚感，接下来我们说一说如何通过对服装进行创意变形将基本款的衣服变得不再普通的方法。

❶ 下摆造型

首先，衣服的下摆是可以做很多功课的地方。比如一件基本款衬衫，很多姑娘都知道利用下摆在中间打结，其实你还可以进一步调整这个结的位置，是系得高一点，露出肚脐，还是低一点，或者把结系到旁边，多去尝试，找找不同的感觉。如果衣服的下摆特别长，还可以在身体前面交叉绕一圈之后在身后系一个结，不仅多了层次感，还会塑造出一个V形，让腰部在视觉上显得更细。

❷ 腰部造型

说完上装，再说说下装，牛仔裤如果是比较宽松的阔腿裤或者男朋友款，腰部有富余的情况下，可以利用细腰带扎成纸袋裤。先把裤子提到最高处，在腰带上方多留出边缘，再用细腰带固定住，弄出一

些褶皱来，这样就变成了一条洋气的纸袋裤了。

❸ 半身裙造型

有扣子的半身裙，可以故意将扣子系错，打造成一条不对称的半身裙。也可以套在普通长款衬衫外面，下摆露出衬衫的衣角。两件基础款加在一起就组合成了一套时尚的增彩款。

❹ 配饰丝巾造型

还可以充分利用丝巾来做造型，直接把它搭在肩上，然后再套上西装、大衣等外套，再在领口或者门襟位置露出来，这样会有两件套的视觉效果，可以让衣服多一个层次，更添时尚感。此外，还可以将衬衫反过来穿，露出性感的后背线条；旧了的牛仔裤可以剪成9分裤，或者尝试剪出一些破洞来；把吊带裙、吊带衫套在短袖T恤外面等。

可以根据实际情况多花些心思打造不同的造型，让一件普通的衣服变得更有趣。

⚠ 下摆造型演示 ⚠ 腰部造型演示   ⚠ 半身裙造型演示

科学变美的 *100* 个基本

64

选鞋：鞋子点亮整体搭配

鞋子有什么作用？首先，它可以调节整体的身高比；其次，能够为全身增加设计元素，点亮整体搭配。

⬆ 鞋子能点亮整体搭配

❶ 鞋跟

鞋跟分为很多种，比如细高跟鞋、粗高跟鞋、坡跟鞋、防水台高跟鞋、平底鞋、松糕鞋等。

这里需要说明的是，松糕鞋和防水台高跟鞋穿上以后虽然显高，但在比例调整方面的作用却微乎其微。如果你有调节比例的需求，不建议选择这两类鞋。

❷ 鞋头

/ 鞋跟和鞋头对腿的修饰排序 /

尖头、尖圆头、方头、圆头、大头鞋（基本淘汰）。

/ 鞋跟方面 /

细跟优于粗跟，粗跟优于坡跟，坡跟优于防水台，防水台优于平底，平底优于松糕底。

/ 鞋头方面 /

尖头优于杏仁头，杏仁头优于方头、方头优于圆头。

注意事项 MATTERS NEEDING ATTENTION

松糕底和圆头鞋慎选，松糕底会增加笨重感；圆头鞋较过时，显土气。

❸ 鞋面

/ 浅口鞋 /

露脚面，裸色可以显腿长。

/ 中口鞋 /

露小面积脚面，略显腿长。如果脚面有装饰，选裸色。

/ 及踝靴 /

裹住脚面终止于脚踝，小腿无优势不要选脚踝处有装饰的，显腿短。

/ 低筒靴 /

长度从踝部至小腿中部，腿短的姑娘慎重选择宽口，小腿粗的姑娘不要选。

⚙ 不同鞋子搭配出不同的感觉

/ 中筒靴 /

小腿中部至膝盖，腿弯的，O型腿的姑娘不要选。

/ 过膝靴 /

过膝盖，腿不直的姑娘不要选择柔软的面料；大腿粗的姑娘慎选此款。

❹ 配色

鞋子的颜色有重点配色的作用，有人认为黑色的鞋最百搭，其实黑色颜色太深，且存在感强，秋冬虽然比较百搭，但不适合夏天的轻盈。

裸色最接近我们的肤色，所以，夏季穿裸色鞋的话最好搭配服装。

冬天的话，建议鞋子和打底裤的颜色一致，视觉上减少切割感。如果你穿的整体比较暗淡，想要增加一些亮点或者时尚感的话，可以选一双带颜色的鞋子，比如穿一身黑，想显得更有活力的话，选一双红色的鞋子搭配就不错。

想要通过高跟鞋优化自身比例的人，7厘米以内的高跟鞋是可控的，只要多练习就能适应。

🔺 裸色鞋子

65

选包：不同包包给人不同感受

　　下面我们来说一说包包的选择。包作为"配饰"的主要作用是重点配色。总体上来说，过大的包容易让人有"笨重感"，精致小巧的包更适合都市女性。

⬣ 不同包给人不同的感受

❶ 包的基础类别

/ 软包 /

材质软易变形，一般为大包和双肩包。
适合休闲、街头、日常通勤。

⚠ 软包

/ 定型包 /

材质硬，形状固定不会变形。应用范围较广，
造型感强。

⚠ 定型包

❷ 如何选择

/ 气质属性 /

包也是有气质的，注意辨别包的气质，以便与自身的气质相配。

/ 身高 /

身高不超过165厘米，适用中、小型包。

身高不到160厘米，可用小臂挎包或者斜挎短链条包。包的最终位
置应该是在胯骨以上。

❸ 不同场景需求

最好搭配的包：链条、皮带中型包，可多收
几个颜色配衣服。宴会时用宴会手拿包，日常避
免隆重，可以用软款拉链型手拿包。

⚠ 手拿包

科学变美的 *100* 个基本

❹ 不同季节

在冬季时，可选颜色深一些，材质厚重一些的大、中型包。

△ 戴妃包

在夏天时，可选颜色浅、材质薄的中、小型包。

在春秋季节，根据外套长短搭配，短款选中、小型链条包，长款大衣选斜挎手提两用包，中长款选手提包。

❺ 颜色

包包有重点配色、画龙点睛的作用。首选彩色包，运用时注意使用面积。

❻ 品牌

△ 邮差包

选包时，首先要考虑包的品质感、细节是否考究。品牌包选经典款，不容易过时。手工皮具质感不输大牌，可入手中、小型的牛皮复古邮差包。

总结　　　　　　　　　　　　　　　　　CONCLUSION

> 选包首先要考虑用途、材质、形状、款型、色彩、大小，以及实用性和经济性，最重要的是包的质感及搭配用途。

但要切记，人才是主角。

△ 包包有画龙点睛作用

科学变美的 *100* 个基本

<h1 style="text-align:center">66</h1>

<h2 style="text-align:center">选腰带：一根就能画龙点睛</h2>

很多姑娘是否只把腰带用来固定衣物，其实腰带更多的作用是用来装饰，在整体穿搭上可以起画龙点睛的作用。

❶ 腰带功能

/ 标记腰线，调节下半身比例 /

腰线的位置决定了我们下半身的起始位置，把腰线适当放高一些，视觉上能够起到拉长双腿的效果。

/ 为服装增彩，增加时尚感 /

服装自带的腰带能增加全身的统一性，增加时尚感及层次感，可以根据需求替换其他类型的腰带。

❖ 腰带为全身增色

/ 视觉落脚点 /

当穿着普通时，可用宽大的腰封或别致的细腰带引导视觉落点。

/ 链接服装和人物 /

服装和人物气质和谐的时候，最能突出整体的

△ 腰带提亮全身

辨识度，并体现出自己独有的美感。其实，有时候，如果服装风格和人物气质发生冲突，就可以通过加一条腰带来冲淡这样的冲突感。

❷ 腰带的分类

/ 按形状分为宽腰带、中间宽度腰带、窄腰带 /

宽腰带又可以叫腰封，有重点标记的作用，不适合腰部有赘肉的人。

想要有青春感，可以选牛仔布料的；想要复古感，可以选有流苏、抽带这类元素的；想要表达时尚，可以用皮质的、带铆钉的或者金属扣的。

△ 腰带的宽窄

中间宽度腰带主要起到固定裤子、裙子的作用。实用性比较强，量感适中。

窄腰带平时用得最多。特点是量感小，利用率高，对腰的粗细没有苛刻要求。

/ 按材质分为皮腰带、布腰带、绳腰带 /

腰带也有气质，按自身的需求选择，主要根据腰带传递给人的感受来选择。

皮带材质越硬挺、越直线剪裁，越有硬朗感，越成熟；越是曲线剪裁的、材质上越软越细的，越有女人味。

❸ 腰带的系法

腰带并不需要很复杂的穿搭，随意系一下就很好看，很有时尚感。可以多尝试不同的系法，感受其中的差别。

❹ 腰带颜色的选择

作为配饰，黑色并不增彩，红色、卡其色、咖啡色等彩色都不错，搭配不同的衣服都能增添时尚感。

腰带是我们日常增彩的配饰，多准备几条，可以在不经意间凸显时尚感。

67

选近视眼镜：用眼镜框架提升颜值

戴眼镜的人都知道，戴眼镜很不方便，而且非常影响颜值。当我们不得不戴眼镜的时候，可以在框架上做不一样的选择。

❶ 眼镜形状

类别	作用	眼镜的选择
直线型眼镜	可以弱化圆润感、强化中性气场	想强化选直线型眼镜
曲线型眼镜	可以弱化脸部棱角，增加曲线感	想弱化选曲线型眼镜
猫型眼镜	任何脸形都适用	猫型眼镜是通用眼镜，角和弧度结合，适用于各种脸形

⬢ 直线型眼镜

⬢ 曲线型眼镜

⬢ 猫型眼镜

❷ 眼镜宽度

宽度	适用脸形	款式选择	作用
竖向宽度	脸形偏长	竖向宽度宽的眼镜	能缩短整个面部的长度感
	脸形偏短	适合竖向宽度窄一些的眼镜	让它的占脸面积看着小一点，否则留白太少更显短
横向宽度	所有脸形	选择比自己脸更宽一点的眼镜框，难找到比自己脸更宽的眼镜，选猫型眼镜	显脸小

太阳穴凹陷或颧骨过高的姑娘，应该选择横向较宽，架在脸上有高度的眼镜。把食指和中指放到颧骨和镜腿与镜片交汇的空间里，能够塞进去两个手指，则说明眼镜是适合的。

❸ 眼镜的颜色

近视镜的框架颜色可以选无框或者透明框的，能够弱化框架对脸的整体比例切割。

为了搭配起见，框架尽量不要选彩色框，可以选棕色、褐色、琥珀、灰色系。

△ 棕色系眼镜

68

选太阳眼镜：人人都爱的凹造型利器

太阳镜的作用主要是保护眼睛和"凹造型"（摆姿势的意思），防止太阳下皱眉眯眼增加眼角纹，抵抗紫外线、红外线对眼睛的伤害，以及减缓眼周皮肤的老化，同时还有提升时尚感的作用。

❶ 挑选原则

/ 经典款：蛤蟆镜 /

经典的蛤蟆镜属于露出眉毛款，比较挑人，适合中庭较长、下半脸好看的姑娘。款式上要选简洁少装饰的，不要选镶钻、花纹，造型感强的镜腿。尽量选经典款。

◭ 蛤蟆镜

/ 万能款：黑超太阳镜 /

黑超太阳镜：成熟系可以选择方一点的，减龄系可以选择圆角一点的，颜色上也可以选择银色或灰色。

◭ 黑超太阳镜

❷ 挑选细节

细节	作用	实际选择
鼻托	把眼镜架在鼻子调节面部立体度	山根不高的姑娘选鼻托高一点的，能够增加鼻子高度；鼻梁宽的姑娘选窄点的，视觉上收窄鼻梁。
鼻架	调节面中部	脸短的姑娘，鼻架就靠上些，脸长的姑娘鼻架就靠下些。鼻子很长，可以选宽一点的，缩短一下鼻子。鼻子较短或正常，可以选细一点的连接线，不要再侵占鼻子的视觉面积。

❸ 注意事项

如果选择墨镜的目的是为了突出面部线条，就选与自己的脸部形状接近的眼镜；如果是想调和面部线条，那就选择和自己脸部形状相反的形状。

选择太阳镜时要注意横向的宽度和竖向的宽度，记得用手指测试一下能不能很好地遮盖你的颧骨，让脸看起来更加立体。

近视的姑娘可以去配两用的太阳镜。

—69—

选饰品：点缀在全身的亮晶晶小物

❶ 耳环

/ 根据气质类型选择耳环的款式 /

简洁耳饰：耳钉，短耳坠、小耳环，这些类型一般不挑人。

夸张耳饰：大几何，长流苏、抽象造型、民族风、波希米亚款式。

气质		耳环类型
成熟系	美洲豹	大而夸张的，金属感强烈的耳环
	凤凰	形状极简、设计感比较强的大耳饰
	狐狸	形状夸张的耳饰，比如流苏款式，波希米亚款式
中间系	天鹅	存在感适中的，不要过于夸张，时尚、简约型的耳饰
	猫	只要注意耳环不要过大、过夸张就好
减龄系	梅花鹿	小型的夸张时尚的耳饰
	兔子	小巧精致为主
	绵羊	小巧精致为主

科学变美的 *100* 个基本

/ 根据脸形选择耳环 /

脸形	耳环形状	
	可选形状	不可选形状
方脸	长的弧角比较多的耳环	几何方形感的耳饰
长脸	横向几何造型的款式	细长的耳环
圆脸	细长的竖向拉伸的、镂空型的款式	很圆，弧度较大或者横向存在感强的、实心的款式
锥子脸、椭圆脸	无限制考虑气质属性	无限制考虑气质属性

/ 根据皮肤颜色选耳环 /

皮肤暗淡	适合	不适合
	有光泽感的耳环，如珍珠和镶钻	做旧、古铜、哑光材质

/ 根据服装颜色、款式选耳环 /

服装	耳饰	作用
整体服装颜色单一	选存在感比较强的耳环	重点装饰
衣服有印花等装饰	选存在感低一些的耳环	增加整体时尚感但又不会过于复杂
衣服领子低	耳环相对长而夸张一点	使脖颈线条显得不那么空洞，能够很好地增加细节感
穿中高领的衣服	选择款式简洁但是亮度强的耳环	打破衣领和头发重叠带来的沉闷感

❷ 项链

作用：项链可以起到极大的装饰作用，还可以起到V领的效果，在视觉上延长颈部线条，给人优雅的美感。

如何挑选：

/ 根据气质选项链款式 /

气质	项链
成熟悉	强存在感，夸张的
减龄系	弱存在感，精致的

注意：珍珠或者玉器的项链不推荐，作为装饰品的历史过长，有一定的年代感。若戴的话，选择体积较小的。

/ 根据身高选择项链 /

项链有显瘦的作用。但是，比较娇小的姑娘，佩戴毛衣链时长度不要超过胸前。

/ 万能款和流行款 /

类别	项链	适合人群
万能款	细细的锁骨链	最百搭
流行款	短而粗的装饰项链	脖子长的姑娘可以选，脖子短的要避开

❸ 戒指

类别		戒指
衣服	穿得特别酷	挑选套戒，或者夸张的戒指
	穿得较温婉	挑选简洁的款式
手指	粗短	细款戒指
	细长	只要考虑和穿的衣服能否匹配，限制不大

需要特别注意：

/ 材质 /

珠宝，适合温婉复古路线。

气质	不适合
成熟系	珍珠、碎钻
减龄系	做旧复古的饰品

/ 简洁 /

包括太阳镜在内，全身不要同时有超过三个以上存在感较强的配饰，整体上要做到和谐统一。

希望大家都能够找到适合自己的饰品，灵活地通过饰品让自己的时尚感不断提升。

70

选围巾：又一种凹造型神器

围巾除了保暖，也是造型利器，姑娘们可以试一试围巾的各种披、围、挂的方法，随意搭配组合看一看效果。

❶ 围巾的种类

材质	适用范围	搭配指南	注意事项
羊绒/仿羊绒围巾	冬季，适用范围广	质感要高	个子矮的女性不要选择特别厚的。
毛线针织围巾	减龄青春，有校园感	成熟系选艳丽色或深色。针织图案仅适合梅花鹿、绵羊、兔子型气质。	不要选光泽感太强的。
棉/棉麻围巾	色彩图案丰富，为灰黑服装重点配色。	冬天选长、宽都比较大的，围起来有厚重感。	
光泽面料丝巾	用小的	图案新颖，随意系	花丝巾会有过时和土气感。

科学变美的 *100* 个基本

❷ 围巾的系法

系法	实际运用	注意事项
装饰衣服门襟	保暖性围巾，把围巾搭下来，装饰我们的前衣襟。	长度不能太长，不超过胯部。
绕圈装饰领口	围个圈，塞到衣服里，修饰领口，增加层次感。松垮的在脖子上绕一圈，不刻意打结，制造随意的时尚感。	围巾抖开，不要方正地折叠，随意地搭在脖子上，可以有点长短差。
外披显层次	适合羊绒/仿羊绒大围巾。春天和初秋时披上一条围巾，看起来像特别的上衣，时尚亮眼。	注意围巾的随意性。
装饰性围巾系法	即丝巾，选小一点短一点、前卫一点的，作装饰，修饰脖子和腰间，增加前卫时尚感。	不大的、很丝质的和过于女性化的丝巾，会有过时和土气的感觉。

❸ 围巾的装饰作用

作用	使用方法
视觉落点	穿搭比较普通，或穿搭配色偏黑白灰或者浅大地色系，可以用艳丽出挑的围巾引导视觉落点。
显高级感	与服装同色系的深浅搭配，更有层次感、细节感。 较百搭的颜色：纯色、黑、灰、酒红。图案可根据服装的气质配。

🔺 围巾的不同系法

71

服装搭配——比萨穿法：基础款服装+配饰

想要降低衣服的驾驭难度，又想变时尚，可以在基础款服装的"穿法"上下功夫。基础款又被称为普通款，版型基础常见，颜色图案普通不扎眼。

我们先从最基本的基础款+配饰的"比萨穿法"开始学起。

△ 比萨

之所以叫比萨穿法，意思是"饼底"是日常基础款的衣服，上面的各种"口味"就是配饰，你加了什么样的配饰，形象当中就有了什么样的表达。

❶ 鞋

一套普通白T恤、牛仔裤，可以通过一双鞋点亮，颜色选择上可以鲜艳一些，比如红色或者款式上比较出挑的尖头马丁鞋，都能提升整体时尚感。

科学变美的 *100* 个基本

▲ 用鞋子来提亮全身

❷ 包包

包包也是可以起到提亮整体作用的配饰，可以在颜色和款式上做文章，比如，亮色的或者设计比较夸张的包包，可以将整体的时尚感提高很多。一般来说，基础款的衣服对比较小众的包包融合度很高，比较易于驾驭。

❸ 腰带

一件普通的黑色连衣裙，扎一条皮质宽腰带，不仅能标记腰线，也能让搭配凸显亮点。腰粗的姑娘可以选择亮色细腰带，用比较新奇的扎法让普通的裙子变得不再普通；还可以选择丝质腰带，在时尚中增添一丝温柔感。

❹ 耳饰

比较夸张的大耳饰，比如几何形状的、民族风的、另类异形的耳饰，与其他服装搭配起来可能会有一些难度。但基础款服装对于这类耳饰的包容性就很高，还可以点亮整体穿搭。

❺ 围巾

冬天的衣服大都是暗色，可以通过围巾来搭配。米白色、低饱和度的彩色或者格纹元素的围巾，都适合用来打破暗色的沉闷感。还可以通过围巾不同的扎、披方法，来提高时尚感。

除了以上5种配饰，太阳镜、丝巾等，都是很百搭的配饰，可以提高整体辨识感。也就是说，当基底和别人一样的时候，你可以通过往上面撒不同的"馅料"来提高自己的时尚度。

科学变美的 *100* 个基本

⚫ 用包包来搭配全身

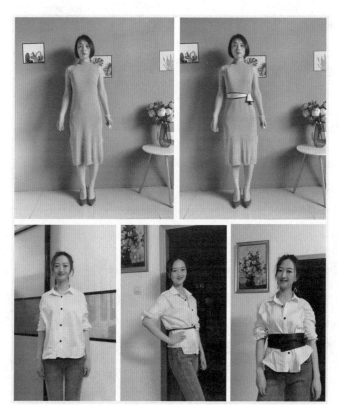

❯ 用腰带来点缀全身

72

服装搭配——鸡尾酒穿法：制造不同穿着层次来吸睛

鸡尾酒是通过上下层次的差别对比来让颜色更好看，沿用到穿搭上，是指利用服装的上下层次来碰撞出不同的差别。

⚑ 鸡尾酒

❶ 利用色彩制造层次

撞色很容易打造出色彩层次感，在色相环中颜色离得越远，对比度就越强烈。如果对强烈色撞色驾驭能力不是很高的话，可以选择低饱和度的撞色。

❷ 利用不同吸睛力，制造层次

吸睛力可以通过亮色、花纹或者特殊设计来实现，比如上装吸睛，下装就选择普通的基础款，反之也可以。要注意的是，如果上半身没有优势，尽量不要把吸睛点放在上半身；下半身也一样，否则容易暴露自己的劣势。

科学变美的 *100* 个基本

73

服装搭配——卷饼穿法：利用内外层次，打造时髦感

卷饼穿法的关键点是"内外层次感"，通过内外搭配所制造出的层次感来彰显时尚感。

卷饼里面的"馅料"有什么用呢？比如，内搭的领口、帽子、袖口、下摆，这些都属于"馅料"。

△ 卷饼

❶ 纵向露出内搭

春秋季穿风衣时，是最容易打造出内外层次感的衣服。只需要敞开风衣，纵向露出里面的内搭，就可以很好地完成最基本的卷饼穿法。

❷ 露出领子、袖口

除了大面积露出内搭，还可以同时露出领子、袖口来打造细节上的层次感，比如下页图中露出有设计感的领口，或者将内外的袖口同时卷起到小臂位置，就比板板正正地穿衣服要随意、时尚很多。

230   科学变美的 *100* 个基本

74

服装搭配——汉堡穿法：4种穿衣组合，轻松搞定你的美

汉堡穿法其实就是鸡尾酒穿法和卷饼穿法的结合。这种穿法是最难的，因为服装之间的搭配不能盲目拼凑，而是要考虑不同风格、不同元素之间的和谐过渡，不仅要打造出层次感，还要达到平衡。

仔细观察图中的搭配，针织打底衫、衬衫、卫衣、外套，层层叠叠地打造出了街头时尚感。想象一下，如果外套换成粉嫩且有蕾丝的衣服，整体感觉是否很突兀？所以，汉堡穿法的难度就在于不能直接堆砌，而是要考虑各个风格的整体匹配。

◎ 汉堡

❶ 夏季薄款组合

用薄款服装制造出比较轻型的汉堡穿法，如P234页图所示，在T恤外面穿一件吊带连体裤，再系上丝巾，在腰间系一件上衣，就打造出了层次感。

❷ 春秋季薄款组合

从最简单的针织衫和衬衫的搭配组合开始，我们可以选择薄款贴

⬆ 汉堡穿法示例

展示力篇

身的针织衫，脖子短的姑娘尽量选领口比较宽松的，或者直接穿低领的。然后在外面套一件衬衫，再套一件外套。

❸ 冬季厚款组合

可以在薄款大衣外面搭配一件厚款大衣，既保暖，又能打造出冬季的时尚感，在此基础上搭配一条围巾，就又多了一些变化和层次。

❹ 夏季薄款、秋冬厚款混搭组合

一些夏天的连衣裙，在冬天也可以利用起来，直接在外面套上长款毛衣，或者在外面搭配围巾、外套，就可以搭配出很多层次。

以上就是汉堡穿法的四种基本搭配方法。此外还有马甲搭配法、内衣外穿法等，我们需要重点掌握这个公式，然后不断地去实践，"盘活"已有的衣服。

时尚感不一定非要靠衣服本身的款式和元素的亮眼来体现，也可以通过基础款服装之间的不同组合搭配去打造，不仅好驾驭，搭配难度也要小很多。

🔺 夏季薄款组合　　🔺 春秋季薄款组合　　🔺 冬季厚款组合

科学变美的 *100* 个基本

75

服装场合——约会：建立别人对你的向往

与异性约会前姑娘们最关心的问题是：在约会时如何展示自己的魅力？所以，考虑一下男性是如何审美的，将有助于给对方留下良好的印象。得体，是最重要的原则。得体代表了我们对人的尊重，也展现了自己与场合、环境协调的能力。服饰搭配与整体环境和谐，整个人才能看起来舒展而美好。

❶ 约会的着装选择

据调查，在不同的装扮中，裙子是最能吸引男性的，其中红色的裙子最具吸引力。

红色热烈而性感，给人以积极、热情的感受。但要注意，不要一提红色就想起正红色，也可以是深红、酒红色，还可以是浅红、西瓜红、粉色，本质上都属于红色系。

裙子类型	裙子特点
非常长的长裙	至少要露手臂或锁骨
稍短一点的裙子	露腿，上身尽量严实
深V款的裙子	长度至少到膝盖，尽量严实一点

尽量选择面料柔软，垂坠感强，能突出身材曲线的服装，这样可以完美地释放女性独有的柔美感。如果在户外，最好选择嫩绿色、淡紫色、裸粉、湖蓝等充满自然清新气息的颜色。服装款式上一定要有垂坠感，比如大裙摆的长裙、雪纺的长裙、阔腿裤等。户外的自然风和走动带来的风吹动裙摆，会显得格外美好。

❷ 约会中的发型选择

尽量选择披发，或者留一些发丝在脸颊两侧或耳后。据调查，大多数男人的普遍共识是：女性撩头发的时候是最性感迷人的。所以，头发一定要保持清爽蓬松，不要紧贴头皮，这样会显得老气、不自信。

❸ 约会的妆容选择

妆容上要以裸妆为主，口红选择偏红色系能够增添女性魅力，不经意间就能流露出"天生丽质难自弃"的自信。

❹ 约会的场所选择

首先，根据自己的气质属性来选择约会地点。比如，兔子型气质的姑娘可以选择游乐场，活泼甜美的气质在这样的场景中会显得更加可爱；霸气的美洲豹型可以选择现代感浓郁的场合，会让对方觉得你别具一格。其次，根据自己的身材特征来选择早到还是晚到。如果你长相上有优势，可以选择早到，让人第一眼看到你就觉得五官美丽；如果你身材较好，可以选择晚到，让人对你婀娜的身材留下美好印象。最后，身姿一定要挺拔，不管站姿还是坐姿，后背都要保持挺直，目光从容，自然地落在对方的眉眼位置。

76

服装场合——职场：得体比好看更重要

着装就是一个人的"铠甲"，在职场上，衣着得体往往比穿搭时髦更为重要。那么，从职场小白到职场达人，究竟应该如何穿搭才会更得体，又有助于职位晋升呢？

职场时期	表达目的	穿着建议
面试	让面试官看到能力，展现素质	纯色及膝连衣裙、衬衫+伞裙+中低跟鞋
初入职场	展现积极又谦和的性格，以获得更多的优势和资源，避免穿搭上太过成熟、强势	铅笔裤、牛仔裤、直筒裤+宽松衬衫，衬衫可以有花纹等特别设计，中高跟鞋
职场上升期	稳重，体现可靠能干的一面，避免因让上级有威胁感而遭受打压	减少彩色用色，以中间色和莫兰迪色为主，款式简单，面料柔软不要太硬挺
高级管理层	自信、震慑作用和精英感，稳坐头把交椅感	大剪裁的裙子，西装，硬挺的套装，利落的衬衫，阔腿裤，选择几何、撞色元素，配色上可以视觉冲击感强一些

身处一个处处强调"人设"的时代，虽然反转、逆袭的故事很多，但很少人有机会刷新自己给别人的印象——要知道外在是你最外表的内在，职场着装也能代表你的逻辑和理解力。当然，我们也要根据自己所在的行业、公司文化和工作性质做一些变通。

总之，步入职场后，一定注意自己的职业形象塑造。

77

服装场合——宴会：优雅美丽选礼服秘籍

❶ 宴会必备：晚礼服、小礼服

一般情况下，需要穿礼服的场合是生日派对、单身派对、庆祝派对、婚宴、商务宴请、年会答谢会等。要满足这些场合的着装需求，礼服至少要备两件：晚礼服和小礼服。

/ 晚礼服 /

应用在晚间正式聚会和典礼上穿着的服装，裙长要到脚背，面料要飘逸垂感好，配色以黑色最为隆重。

晚礼服分为西式礼服和中式礼服。

西式晚礼服通过露肩、露胸、露背来体现女性的风韵；中式晚礼服有立领、巾帼领的无袖、短袖或者长袖款式，用下半身窄裙摆或开衩来体现女性高贵典雅。

现在，很多礼服都是中西兼具的，综合两者的风格，适用面更广。

/ 小礼服 /

小礼服适合应用在一些派对或者婚礼等正式但不商务的聚会场合，裙长大概在膝盖上下5厘米，年轻的姑娘也可以在需要穿着晚礼服的场合使用小礼服，显得活泼一些。

日常衣着中设计简洁、面料良好的连衣裙也可以当成小礼服使用。

❷ 如何选择适合你的礼服

/ 要避免显廉价 /

光泽感很强的缎面面料，多层纱裙支撑的蓬蓬裙，上面缝制了并不精致的串珠和亮片，通过一层一层硬纱来做支撑的礼服，容易显得廉价和过时。

/ 颜色需要分场合 /

鲜艳的颜色适合比较热情的场合，像庆典或者答谢晚宴，其他宴会场合的礼服颜色选择要有质感的，尽量选择莫兰迪色——会让礼服显得很高级。

/ 根据体形选礼服 /

如果肚子上有赘肉，尽量选择高腰线大下摆的礼服，给腹部的赘肉留出空间。

如果上半身较胖，尽量选择荷叶袖、喇叭袖的V领礼服，或者宽松的大摆袖子、有开衩可以露出手臂的类型，领子选择V领或者U领，增加皮肤露出的面积，减少上半身的存在感。如果手臂不是非常松弛的那种胖，穿抹胸礼服露出手臂也是没有问题的。

如果上半身有优势，肩膀好看就露肩膀，脖颈好看就露脖颈。微胖的姑娘可以选择一字领，露出脖颈加锁骨，视觉上有立刻瘦10斤的感觉。

如果是平胸，不妨选择胸前有装饰、有设计感的礼服，用不对称设计和立体雕花来增加胸部的膨胀感。反之，胸大的女性就不要选择这些款式，胸部的设计要简洁一点。

鱼尾裙适合臀部线条比例好看，小腿比较细的姑娘。比较常见的是伞形下摆和直线下摆，能遮住下半身所有的缺点，腿好看的姑娘也可以选开衩下摆。

/ 选对与礼服搭配的鞋子、包和妆容 /

盖脚背的晚礼服，可以选有防水台的高跟鞋来增加高度，减少脚部压力，这样看起来会显得又高又瘦。

如果露脚背的礼服的款式简洁素净，可以选择有装饰的鞋子来点亮整体搭配效果。如果是穿小礼服，一双裸色的细高跟可谓百搭。

选择包包时，注意选手拿包或者有链条的小包。

宴会妆在日常妆容基础上，可以稍微加重一下眼影、眼线，或是用更有光泽的定妆粉，这样会显得通透又自然。

生活中需要仪式感的场合越来越多，平时为自己准备一两件礼服，可以让我们在各个场合下都能显得美丽又得体。

78

服装场合——旅行：旅行服装要与背景和谐

旅行装应该怎么搭配呢？

总体上来说，户外多半以平底鞋为主，尽量选择高腰的裤子或裙子，或用腰带标记高腰线，这样能凸显出大长腿。

比较适宜的款式有简单大领口的T恤、吊带、背心与宽口的短裤、A字裙、长裙、飘逸的休闲阔腿裤进行组合，披上一件长款的开衫外套，就可以搭配出多种出游装扮了。

❶ 山川

在山水岩石的灰绿主色调中，添上一抹强烈色，会让你在整个环境中显得十分出挑。

❷ 海边

海边的主色调是蓝色，最好穿白色，因为白色会有反光板的作用，拍照时自带柔光效果，

⛰ 背景是山川的色彩穿搭

🔺 背景是海边的色彩穿搭——白色　　　🔺 背景是海边的色彩穿搭——彩色

非常上镜。像白色开阔领口的T恤配一些有设计感的半身裙，或者配飘逸的阔腿裤、半身裙，效果就很好。

还可以选择跳跃的颜色，艳丽的正红与蓝色的大海形成鲜明对比，很容易在画面中跳出来。

❸ 草原或者森林

如果旅行目的地是草原或者森林，在蓝天白云相接的地方，选择莫兰迪色和灰色调的颜色，就显得温柔自然。如果想要视觉冲击感强一点，可以选择正红或正黄，效果很惊艳。

❹ 秋季出行或去沙漠

如果是秋季出行或去沙漠，在黄色调为主的背景下，选择正红色

科学变美的 *100* 个基本

或者酒红色最为合适，能点亮整个黄色背景，带来强烈的视觉冲击，而且质感会显得特别好，拍照也上镜。

❺ 山水和木建筑结合

去山水和木建筑结合的地方，主色调基本是棕色和绿色，可以通过穿着黄色来制造对比。画面会显得跳跃、有活力，富有精灵气息。

❻ 欧洲古镇

去欧洲的古镇游历，背景多是以红砖或深灰色为主的建筑群，可以穿黄色和宝蓝色，和建筑群做对比。

目的地	场景色	服装色彩
山川	灰绿色	强烈色
海边	蓝色	白色、艳丽色
草原或者森林	绿色	莫兰迪色、正红、正黄
秋季或者沙漠	黄色	红色系（非浅色）
山水和木建筑结合的地方	棕色和绿色	黄或蓝
欧洲的古镇	红色	黄色和宝蓝色

总体来说，旅行穿搭在舒适之外，重点要考虑的是配色。

上面说的基本都是对比配色，如果想温和柔软一些，不那么跳跃，可以选和目的地主色调同色系的颜色，深几度或者浅几度都可以。

还有一个必备的造型利器——太阳镜——既能防晒又可以凹造型。

大披肩可以选纯色或者艳丽色，花纹较夸张的，拍照时可以搭配出各种造型，既有画面感，又能起到重点配色作用。

科学变美的 *100* 个基本

79

服装场合——日常：舒适基础款提高日常美感

前面我们了解了配饰的使用，服饰的时尚穿法，同时对于约会、职场、宴会、旅行等场景的搭配也有了思路。那么，在日常生活中，我们该怎么穿才能既舒适又美丽呢？

我给大家的建议是：从基础款的搭配做起。

可以去网上搜一些贴近现代的，在常见生活场景的穿搭案例中，看起来简洁舒适又具有时尚感的那些基本都是基础款之间的搭配，更多的是在细节整理和穿法上下功夫。所以，想在穿搭上与其他人拉开距离，基础款服装完全可以做到。

大家看下页的示例，这些衣服都属于基础款，每一件单独拿出来都非常普通，但是搭在一起就会给人简洁大方的感受，而且对气质的适配度也比较高，搭配风险较低。

很多普通服装的版型、剪裁、用料都很不错，可以多去购买尝试一下，找到扬长避短的单品，再结合一些简单配饰，组合出几套实用的日常搭配。

这一节是教大家最简便的提升日常穿搭的方法。我们一定要记住，不要只依赖衣服本身好看或特别与否——衣服越特别就越挑人，穿错的可能性就越大。

　　可以多入手基础款服装，然后在搭配方法上进行不断创新，就能既舒适又美丽！

🔺 日常穿搭示范

科学变美的 *100* 个基本

80

衣柜管理：全面高效三字诀——丢、留、补

衣柜管理不仅是简单的整理收纳，还关乎生活美学。

在此，我想跟读者们分享实用收纳三字法：丢、留、补。

❶ 丢

果断丢掉破旧的、变形的、起球的、褪色的、有年代感的、过时的、劣质的、廉价感很强的衣服。

丢掉明显和自己气质违和的衣服，比如美洲豹型气质的人要丢掉蓬蓬裙和娃娃衫等甜美感的衣服。

❷ 留

将留下来的衣服按照常穿、只穿过一两次、一次都没穿过的进行分类。

审视那些只穿过一两次或者没穿过的衣服，如果是穿上明显不合身或者严重影响舒适度，可以直接丢弃。

把剩下的衣服按照上装和下装分开归类，上装：大衣、连衣裙、衬衫、T恤、针织衫等；下装：A字裙、包臀裙、牛仔裤、阔腿裤、直筒裤等。再在每类衣服中去掉不适合自己的颜色、图案、版型。

剩余服装进行组合搭配，原则是复杂上衣配简单下装，简单上衣配复杂下装，简单上衣配简单下装。把能搭配的衬衫、T恤和裤子放在一起。除了质感设计非常好的，其余不能组合的衣服可以舍弃。

❸ 补

在清楚地了解自己的气质风格和所需的基础上添置新衣服。

首先，列一个购物清单，要购买的是上装、下装还是外套？是T恤、衬衫、还是裙子、裤子？再结合自己常出入的场合，列出服装颜色、元素和风格，有针对性地购买。

购衣清单可以分为衣柜精致装和衣柜补充装。

衣柜精致装是指能为你带来社交收益的服装，以及参加重要场合或者使用率非常高的衣服。比如，版型、品质非常好的大衣，设计感极佳的风衣，经典小黑裙，版型修身的内搭衬衫，好穿的高跟鞋，经典百搭的包包……

也可以投资一些精品、轻奢或奢侈品牌，但注意一定要选经典款，不要选容易过时的潮流款。

衣柜补充装是指一些比较出彩的或者可穿但未尝试过的风格。比如，一些有特色设计的衣服。补充装占比衣柜的量要小，不必为此类衣服花费过多。

科学变美的 *100* 个基本

81

服装的淘汰标准：符合这5点——就全丢掉

在"断舍离"理念蔚为风潮的今天，我们要果断舍弃一些与自身气质不匹配的衣服。

可以按照以下5个原则整理自己的衣橱，同时也是对自己内在心理的一次"升级"。你会发现，清理完衣橱之后，内心也会变得无比轻松。

❶ 有廉价感的

有以下特征的衣服会给人廉价感：密度不够，光泽度过高或过暗、轻飘没有垂坠感，易皱、过时的面料，质感差、做工差、颜色不正、工艺复杂的衣服，这些穿上会折损气质的衣服要毫不犹豫清理掉。

❷ 与气质不符的

气质是打扮的出发点，服装也要和自身的气质匹配，或者在驾驭范围内。

具体来说，比如美洲豹型气质硬朗大气，那么粉嫩的蕾丝蛋糕裙就与其气质冲突；兔子型气质穿硬朗的套装也与气质冲突；和自己气质不一致的，有明显违和感的衣服要果断舍弃。

❸ 与年龄不符的

日常穿搭中要注意，少女不要穿老气的衣服，成熟女性不要给人太过装嫩的感觉。

由于显年轻几乎是每个女性的诉求，常常有年龄在35岁以上的成熟女性穿着时下流行的T恤配蛋糕裙，这样的装扮就过于"装嫩"了。

那些明显让自己显得幼稚或者是老气的衣服，需要果断舍弃。

❹ 与身材不匹配的

肩宽就清理掉肩部有复杂设计元素的衣服；胸大就舍弃掉胸部有明显设计元素的衣服；腿形不直就处理掉紧身打底裤或紧身牛仔裤。

衣服要对身材起到扬长避短的作用，衣服再好，与身材不匹配的话，也没有保留的价值。

❺ 设计复杂的

衣服款式有多特别就有多挑人。衣柜里那些不常穿的衣服，款式不常见的，颜色艳丽的，适合场合很少的，也要尽早清理掉。

科学变美的 *100* 个基本

82

服装的买入标准：一衣一物都要对自己有意义

买衣服要秉承一个原则——一衣一物都要对自己有意义——这也是精准购物的要义。

至少要满足以下四个理由，才应该把一件衣服带回家：

❶ 无廉价感

之前在衣服的淘汰标准中我们已经说过，有廉价感的衣服要淘汰，那么相应的购入标准就是无廉价感。衣服要符合当下的生产力，遵循"一分钱一分货"的通俗规则，购入时应减少数量，提高质量。

❷ 气质匹配是第一原则

衣服也有自己的气质，要考虑与自身气质相配。

看到一件服装时，首先要与之"对话"——它是成熟的还是减龄的？是硬朗的还是软萌的？偏女人味还是偏中性的？衣服与自身的气质构成有重合的感受吗？

成熟气质就要选成熟系、中间系的衣服；减龄气质就要选择中间系和减龄系的衣服；中间型的气质，选择的范围更广一些，但也不要碰那些极大气或极减龄的衣服。

❸ 对身材扬长避短

这里包括两个方面：扬长和避短，重点扬长，缺点不强调。

比如，上半身瘦下半身胖的梨形身材，重点加强上半身的存在感，可以穿上半身颜色相对鲜艳、领口胸前有设计点的衣服，引导视线上移，下装穿简洁的衣服，减少存在感。

避短方面，有明显缺点的别过于强调，比如，腿形不好的女性，就不要穿完全勾勒出腿的形状的黑色紧身裤。

❹ 可搭配度高

总是感觉自己没有衣服穿，很可能是衣橱里的基础款式不够。

衣服单品的款式决定了相互间的可搭配度，常见颜色，常见款式的基础款衣服是可搭配度最高的，这样的单品要占到衣橱的80%以上。

非常见款式和非常见颜色尽量少购入。

科学变美的 *100* 个基本

83

逛商场注意事项：遵循这6点，逛街省时又省力

逛街时如果能遵循以下6点，就会省时省力：

❶ 逛街前的准备

经过细心修饰，穿上自己满意的衣服之后再去逛街——有那种"我很美"的感觉——购衣的成功率才会更高。

同时，身上的这身衣服也将成为你购入的标准——不比这身好就不买。最好搭配成套购买，或者想好买回家后如何搭配。

❷ 弄清商场布局

首先是找到商场布局图直达目标，如果想买成熟女装，就不要逛少女装楼层了。

先从橱窗展示上观察各家店的风格倾向，如果与自己需要的风格贴近，就可以重点进去挑选、试穿。

❸ 购衣反执念

不要一味地跟随自己的常规感受或偏好去挑选，要多去试穿，一眼看中的衣服要谨慎购买。另外，不要被衣服本身的独特设计吸引，看起来平常普通的衣服，也许上身效果会更好。衣服的立体裁剪和平面剪裁，对身材的修饰完全不同，不妨多试一试。

❹ 警惕导购的甜言蜜语

导购常常会从各个角度赞美你，要警惕，不要被误导。

如果在同一家店试穿了几套衣服，导购在一旁忙活了半天。如果不买的话，可能会感到不好意思。这时，要理智地坚持自己的观点，有礼貌地拒绝。

❺ 不被促销打折所吸引

很多压箱底的衣服一般都是我们抱着"太划算了"的心态购入的，其实，最划算的是每一分钱都能达到最大效用。如果能克制住"占便宜"的心理，客观、精准地购物，才是真正的"占便宜"。

❻ 试过两次再购买

第一次试穿之后有可能会冲动购物，可以先离开那个场景，让自己冷静一下。过一会儿再去试穿一次，或者隔几天再来试穿。如果依然觉得很喜欢，就可以开开心心地买回家了。

科学变美的 *100* 个基本

84

逛淘宝注意事项：网上选购练就火眼金睛

❶ 警惕精修图

现在的修图技术很发达，各大购物平台上大量的服饰精修图、滤镜直播视频，图片和视频展示出来的颜色、质感都很好，但实物与展示效果差距有时候却很大，有很强的欺骗性。特别是商品价格较低的情况下，要认真看清楚标注的材质，模特展示的细节。

模特一般都很瘦，照片还会拉长腿的比例，要先对比模特和自己的身材差距，考虑自身的气质属性和身材特点，谨慎购买。

❷ 警惕场景营造

网络上的图片大都会营造一种场景感，场景与模特的眼神、姿态、衣服相互烘托，会有一种很强的被代入感。比如，阳光海滩上的一抹飘逸红裙，在蓝天大海的映衬下美得清新脱俗让人向往。

这时需要"脑补"一下，脱离这种场景这件衣服是否还有这种感觉？衣服是否符合自己的场合需求，不要单纯被商家精心营造出的场景所吸引。

❸ 不被低价诱惑

很多人都有过这样的网购经历，看到便宜的衣服总想买回来试试，哪怕不太满意或者不太合适，结果这样的衣服大都被你压在了箱底。

哪怕是很便宜的衣服，也务必根据自己的需求来选购。现在淘宝退换货很方便，不合适就及时退回，不仅节约金钱，更能帮我们养成良好的购衣习惯。

❹ 利用淘宝大数据

计算机技术加上统计学就是人工智能，人工智能会根据我们的浏览习惯自动推送可能感兴趣的商品。如果你一直看价格较低的爆款服饰，它以后就会给你推送相似类型的衣服。

我们可以利用这一点，多看质量较好的品牌商品，少看廉价爆款，提升挑款的能力和效率。

科学变美的 *100* 个基本

85

如何防止被种杂草：提高选购时的分辨能力

在这个信息爆炸的时代，营销变得无孔不入，为防止错误购买，要了解以下规则。

❶ 警惕执念

通常来讲，长相成熟的女性都容易有"显年轻"的执念；长得硬朗的女性容易有"女人味"的执念；长相温婉的女性容易有"帅酷"的执念——很容易缺什么就想什么，但这种想法体现在穿衣打扮上很容易制造冲突。

所以，要了解自己的购衣执念，时刻警惕被各种执念绑架。想要发现自己的执念，可以从检视自己的衣柜开始，看看闲置的物品都是哪一类，拍照放在一起对比。

❷ 不被打折冲昏头脑

不要盲目地被商场火爆的促销打折场面所吸引，特别是遇到平时较贵的商品打折，觉得打折后性价比很高，忍不住就要买下来。

一心想着捡便宜，却忘了也许并不适合自己，那么，再便宜也是一种浪费。

学习如何花平常3件甚至是5件的钱去买一件衣服，就是一个非常好的锻炼。当你能够谨慎、细致地去购买超过心理预期的物品时，也意味着你对自己未来的一种认知和探索，会找到自己未来的穿衣方向。

❸ 增加自己的知识储备，提高对事物的辨别能力

不想错误消费、冲动消费，最根本的还是要明白自己。

比如，有人向你推荐一款透明粉调的口红，如果你能明白，一切都要从自己的气质出发，口红也要根据自己的五官特征、形象表达需要来选择，你就不会立刻买买买，而是会分析：透明粉调的口红更适合的五官特征是可爱型，我的五官是立体大气型，这款口红并不适合我。

能够清晰地了解自己、定位自己，了解打扮背后的基本逻辑，就不会轻易被误导。

🔺 要明白自己的传达风格

科学变美的 *100* 个基本

86

提高展示力总结：扬长避短、强调优势

认为自己缺点很多的人，经常会为了隐藏这些缺点而绞尽脑汁。如果能转变思路，找到自己的优势并发挥出来，尽可能地将他人的视觉引导到自己的优势部位，思路就会清晰、开阔起来，思考的方向也会完全不同。

首先，要分析自己的身形、五官特点，列出优势清单。哪里好看露哪里、哪里好看装饰哪里。比如，你有天鹅颈，就露优美的脖颈线条；有小蛮腰，就突出细腰；手臂线条好看，就穿无袖衣服；腿细长，就穿短裙。

而对于一些自己比较介意的缺点，可以用下面的方法来"避短"：

❶ 利用衣服线条改变视觉感受

假如你脸大、脖子短粗，腹部有赘肉，可以利用衣服的线条制造切割感。

具体的方法就是穿V领或戴一条V形的项链，利用V形延伸整个

脸和脖子的长度。针对肚子上有赘肉的问题，可以穿开衫遮挡腹部两侧，形成纵向的线条分割腹部的视觉面积。

利用衣服线条改变视觉感受。

❷ 用"内切外补"的方法来达到视觉平衡

通常的身材审美标准是沙漏形身材。高脚杯形身材和梨形身材与沙漏形身材相比，视觉上会有上窄下宽或者是下宽上窄的不平衡感。如果想要达到视觉平衡，就要着重对肩、胯部位进行修饰。

如果整体不胖，只是肩窄的话，可以用"外补"的方法，在肩部增加外延装饰，如飞飞袖、肩章、垫肩、有装饰的一字肩等。胯窄的话，可以增加胯部的宽度，如穿A字裙，或胯部有褶的裙子来增加胯宽。

如果身材较胖，就不适合用"外补"的方法，需要用"内切"的方法。也就是尽量弱化较宽部位的存在感。如肩部采用无肩线设计，不穿肩上有装饰的衣服。

臀围大或者胯宽的话，应尽量选择一些有垂坠感的、简洁利落的A字裙、伞裙。

❸ 大大方方地露出肤色

不少姑娘因为胳膊粗所以选择用衣服遮盖，然而，袖子太贴身的话反而会勾勒出粗壮感，反而不如大大方方露出胳膊。

科学变美的 *100* 个基本

1 利用衣服线条改变视觉感受
2 选用有装饰性的衣服掩饰身材缺点
3 选用A字裙遮掩胯宽
4 选局部装饰的衣服掩饰身材缺点
5 适当露出皮肤反而显瘦

87

如何跟时尚博主学习：形象是系统而非单点

❶ 透过现象看本质，结合自身优缺点

大家是否还记得曾红极一时的宿醉妆？不可否认，有些姑娘化这样的妆确实很美，把清纯的、无机心的少女感体现得淋漓尽致，很能激发男性的保护欲。可是，有些姑娘化宿醉妆却让人感觉十分怪异。

同样一个妆容，为什么效果会大相径庭呢？

我们来拆分一下宿醉妆的组成元素：模糊的眼线，透亮的皮肤，水润裸色的嘴唇，以及最具标志性的涂在苹果肌上、眼睛附近的腮红。显然，这些都是减龄的妆面元素，满满的少女感。减龄系的兔子和绵羊型气质就比较适合；而成熟系的美洲豹、凤凰型的女性化宿醉妆，跟自身强势、干练的五官和气质就很冲突，像在奶油蛋糕上加了腌肉做点缀——大脑无法处理两种完全对立的信息，所以让人觉得很不舒服。

透过现象看本质，结合自身的优缺点来打扮，才能够帮我们远离误区。

科学变美的 *100* 个基本

❷ 锻炼理性分析能力，学会拆解事物的底层逻辑

我们常常会被网上的买家秀、时尚博主的穿搭吸引，可是，当把同样的衣服买回家，欣喜地换上后，往往发现"完全不是那回事"，这又是为什么呢？

首先，每件衣服都有自己的个性和气质，博主们的妆容、发型会根据想要表达的内容做调整。街拍中暖暖的阳光，随意的街头景致，精致的咖啡杯等各种场景和道具，也都在悄悄给照片"赋能"。这些背景和模特儿挺拔的身姿、自信的笑容组合在一起，自然让人产生美的向往。

如果把背景换成了杂乱的仓库，或一般人家的客厅、卧室，博主们也没有精致的妆容、发型打底，你还会对衣服产生好感吗？

所以，我们在关注博主的时候一定要学会掌握商业运营的底层逻辑，善于借鉴博主们所应用的好的技巧和思路，这样就不会随大流，或者被误导。

当然，我们日常中也可以参考她们的拍照方法，让自己的照片更有美感。

❸ 形象是系统体现而不是单点突出

形象是一个系统的体现，而不是某个单点的突出，不要想着一件衣服或者某种妆容就能够改变自己。

一个有辨识度的形象必须是整体的表达，穿衣打扮、化妆只是其中的一部分，身姿挺拔、笑容自信、心态豁达同样重要。

88

穿搭进阶路径：一步步成为穿搭达人

前面我们已经介绍了不少的穿搭知识，但是穿搭需要循序渐进，很难一蹴而就。练习是有周期的，如果基础比较薄弱却直接进入到中高级的实操部分，可能会有挫败感。所以，一定不要太过着急，要按照如下顺序一步步进阶：

/ 入门 /

挑选适合自己的基础款，练习组合、整理。

/ 初级 /

少量添加增彩款服饰，与基础款结合，增加时尚配饰，练习比萨穿法。

/ 中级 /

添加排他单品，练习客场表达，练习鸡尾酒穿法；

/ 高级 /

表达精准、得体，熟练应用卷饼、汉堡穿法；

科学变美的 *100* 个基本

/ 神级 /

没人关注你的穿搭，个人气质极为突出。

同时，记住下面的穿搭进阶口诀：

○ **适合自己最重要**

商场打折、明星穿好看、别人说好看……这些都跟你没关系，要能满足自身的形象需求才行。

○ **打破购衣执念**

第一眼看中的衣服，要慎重分析是不是自己的购衣执念在作祟。以前完全没关注的衣服，倒是可以试试看。

○ **穿搭品位慢慢进步**

不要妄想一下子变成搭配达人，需要多试多总结，总结出属于自己的穿搭风格。

○ **形体是形象的基础**

时刻不要忘记：衣服陈列在橱窗里好看，是因为模特好看。要不断进行形体练习，让形体成为你形象升级的一部分。

89

展示力训练程序：提升综合展示力7步走

展示力是形象中非常重要的部分，表情、姿态可以传递出我们的精神面貌，穿搭则会传递出我们对自己的认知和形象表达。

在这里，我为大家列出一些有关展示力的日常训练程序。

/ 拉伸 /

起床后可以用5分钟做一下拉伸，保证肌肉的柔韧性，让我们显得更挺拔。

/ 收腹、提臀 /

注意收腹、提臀，利用碎片时间练习核心力量。

/ 练习面部肌肉 /

涂抹护肤品、化妆品之前可以练习一下表情管理，按摩放松面部肌肉，让面部血液循环更畅通；练习面部平板支撑，为一天的面部发力感提供支持，增加控制感。

科学变美的 *100* 个基本

/ 化妆 /

出门之前化淡妆，如果时间紧凑，打粉底、画眉毛、涂口红也可以让你更精致。

/ 发型 /

在发型上，检查头发是否蓬松，是否符合气质风格。

/ 穿搭 /

在穿搭上，自检一下，是否符合你今天想要给别人留下的某种印象。

/ 心理 /

出门前给自己一个心理暗示，告诉自己今天一定是美好的一天。

🔺 化妆图

能量场篇

当你学会热爱生活，觉得万事万物都很有意思时，就会积极地发现、感知生活中无处不在的美，你会发现你的能量场变得越来越正向，越来越开阔。

第九章

内心的11个基本

生机勃勃的你，才是闪闪发光的你

90

审美：美和丑都是一种强调

不知道你是否有过这样的经历：当你一边和别人聊天，一边在默默想着其他事情的时候，会不自觉地频繁看表。最终，和你聊天的人会发现你好像在等什么。

所以，我们会不自觉地把别人的注意力吸引到自己关注的地方。

将这个原理应用在形象表达上，当你照镜子面对自己的时候，你关注的是什么？是缺陷还是优势？

有些姑娘对自己的缺陷特别在意，总想办法遮掩，但这个遮掩的过程反而成了一种"不经意的强调"。

我们来看下页左图这位姑娘，她的牙齿轻微有些不整齐，其实并不影响美观。但是，她总是不自觉地抿嘴，上下牙就有了包裹感，导致嘴角下拉。

这种不自然反而"标记"出了凸嘴问题，刻意感也蔓延出了不自信。而当她自然地笑出来，凸嘴的问题不仅没有明显暴露，自信感反而提升了，显得更美了。

通过妆容修饰，我们可以将视觉重点"强调"在眉眼区域。你会发现，即使这种状态让她的牙齿暴露了更多，却让人难以察觉到这个缺点的存在。

三张图放在一起感受一下，哪种状态最自信？在自信状态下，别人根本不会关注到凸嘴的问题。

不必过分在意某些缺点，一旦过分在意的话，反而会被强调出来。你可以用"挑剔"的眼光多多发现自己身上的优势，突出自己身上美好的部分——这才是我们要重点展示的方向。

美和丑，其实只是一种强调。每个人都有长得美的地方，也都有长得不好看的地方，关键在于，我们把注意力放在哪里，我们看到了一个什么样的自己，我们向别人展示和表达了一个什么样的自己。

🔺 抿嘴导致嘴角下拉　🔺 自信的笑容提升美感　　　🔺 通过妆容修饰强调眉眼

　　　科学变美的 *100* 个基本

91

掩饰缺点不如强调优点：不需要那么完美，也很美

❶ 掩盖缺点的本质是不允许自己，不接纳自己

每个人都不是完美的存在，但正是这些不完美，才让世界变得如此丰富多彩。你也是这个世界必不可少的组成部分，可以尽情地敞开自己的胸怀，活成独特的风景。但重要前提是，我们需要接纳自己的不完美，允许自己身上存在某些"缺点"。要知道"缺点"也是特点，是独一无二的存在。

❷ 单点思维，容易导致形象片面化

当你每天只盯着某个局部的"缺点"，想方设法去掩盖它的时候，往往就容易看不到自己身上的其他闪光点。然而，我们在他人眼里的形象并不仅仅只是某个单点的呈现。

对于整体形象的展示，"美"和"丑"都只是一种强调而已，当你把自己身上的某个特质当成是"缺点"并试图去掩盖的时候，反而令"缺点"变得更突出。

❸ 执着于掩盖缺点，容易形成消极的心理暗示

执着于掩盖缺点时，我们内心也往往更容易给自己消极的心理暗示，觉得自己不够好、不够美。不要小看消极心理暗示的破坏性，很多改变都是先从意识层面开始的。

在消极的心理暗示下，我们容易焦虑、自卑，甚至封闭自己，而别人也会感知到我们身上携带的这股负能量，从而在能量场这个形象的最大权重上失分。

❹ 执着于掩盖缺点，容易导致幸福阈值变高

当下，科技让我们拥有了前所未有的便利，网络切碎时间，同时也打破了空间限制。于是，很多人的心态发生了变化——看到那些属于别人的"又美又有钱的生活"，会觉得自己长得丑，觉得自己一无是处……于是执着于掩盖缺点，苛责自己。

对自己的不满会渐渐地蚕食你对生活的热爱，甚至觉得人间不值得留恋，或感觉做什么都没有意思，最终导致幸福阈值越来越高。

92

接纳自己：走出画报对比心态

身处发达的网络社会，大量的明星画报、美女精修图、滤镜视频简直要刷爆眼球。在这些信息的"熏染"下，有些姑娘看什么都觉得平庸，对自己的不满也一天天加重。

图片里的明星有的年过40岁，仍然皮肤紧致，不见一条皱纹。于是，你不愿意承认自己在变老，还坚持留着齐刘海儿、丸子头等显年轻的发型。然而，越是穿印着卡通图案、色彩粉嫩的少女系服装，越反衬出自己的老气和不自信。

其实，你看到的是由幕后团队制作出的"强化版美女"，那一张张美轮美奂的展示图片，实际上是场景架构师、精修师、化妆师共同打造出来的作品。不知内幕的你把经过这样精心打造的明星形象和现实中的自己来比较，难免在现实中越来越焦虑。

又比如，影视剧里的俊男美女上演着轰轰烈烈的爱情，男主角极尽所能地呵护女主角。拿这些演绎出来的"完美关系"作参照，你当然不愿意相信自己遇到的他只是个普通人，于是心有不甘，总觉得自己会遇到更好的人。

要知道，现实世界中的我们必然会衰老。但是，不必让年龄给自己设限，因为内心的老态会直接呈现在外表上。所以，内心要保持对生活的热爱，让自己的内心深处始终住着个女孩。

岁月只是记录时间的年轮而已，不灭的是我们对生活的热爱和对未来的好奇。

其实，明星多是人群里千里挑一的高颜值个体，你用美化过的版本来对照自己，真的是对自己的苛责。我们都是普通人，有各种各样的小缺点，会哭会闹也会老，但即使是最普通的人，也可以传递属于自己的美感。

希望亲爱的你能找到属于自己的自信，坦然接受自身的不完美，同时努力迸发出自己的光彩——接受不能改变的，改善能改善的，让自己的每一天都能光芒万丈。

93

接受缺点：改变能改变的，悦纳不能改变的

每个人都是带着不完美来到这个世界上的，而这些也构成了区别于他人的辨识度。所以，对于自己的不完美，不如坦然接受。转而挖掘自己可改变的空间，充分地了解自己，展示自己最有优势的地方。

我们可以从以下两个方面去实践：

❶ 硬件里能优化的部分，努力优化

对外貌的追求是有上限的，注定会有改变不了的东西，比如纸片身材，就很难通过健身练就金•卡戴珊那样的蜜桃臀。

与其在无法改变的地方死磕，不如改变那些能改变的。

例如，外貌部分做好养护，然后通过形体训练改善身体线条，让身材更挺拔。同时，通过表情管理练习、面部肌肉练习，改变面部肌肉走向，改善肌肉下垂、不对称、扁平等问题。

在原来的基础上塑造一个更美好的自己。

❷ 不能改变的，接纳自己，利用视觉转移

对于一些不能改变的"缺点"，与其焦虑纠结，消耗自己的能量，不如换个角度来看，欣然地接受它。一般而言，只要不是重大缺陷，这些缺点都不是一成不变的。

比如，我本人的头部就很大，头肩比也不好，但却因此有了一种萌感，在减龄表达上就会有优势。

如果这个"缺点"干扰了自身的形象表达，可以利用视觉转移的方法来改善。比如，头大的这个问题，其实是会干扰我对外表达干练气质的。但是，我的肩颈线条很美，有一种挺拔利落的感觉，那就可以通过突出肩颈线条来吸引别人的视线。

现在，来尝试重新审视一下你曾经认为的那些"缺点"吧！思考一下它们在哪些表达上可以帮助你，如果干扰了你的表达，又可以把别人的视觉转向哪里呢？

多思考，多实践，扬长避短，相信每位女性都会越来越美。

科学变美的 *100* 个基本

94

正确对待评价：甄别无效评价

❶ 分类"评价"，识别"无效评价"

人们都会在意评价，因为评价是生活的某种标准。要达到某个"人设"，就必须要找到真实的计分系统。

比如，你想成为公司里的总经理候选者，看似有三套计分规则：一套是获得更多的基层同事支持；一套是获得更多的客户支持；一套是获得更多的领导和董事支持。而你的精力只够从一套系统里面获得。

这时候，如果真实的计分系统是获得更多的客户支持，也就是要有外部资源支持你，但是你在意的却是内部评价，就很有可能达不到目标。

拿出一张纸，把你都在意哪些评价，因为在意评价而承受的痛苦，发生的令你沮丧、焦虑的事等，都一一列出来。再把这些事进行底层的剖析归类，看看到底能不能指向你需求的那套"真实的计分系统"。

如此一来，你就能清晰地知道哪些评价是无效评价了。

❷ 降低对无效评价的敏感度

很多时候，我们对他人评价的敏感度远远超过了评价者本人。比如，他人无意说了一句话，或开了一个玩笑，你就暗自揣度别人是否有其他意思；他人脸色不好，你就开始复盘自己是否说错了什么话。

其实，我们有必要降低一下对此的敏感度。我试用过的最好用的方法就是在熟人圈里刻意出些丑。比如聚会时你唱歌跑调，那就当众唱首歌；你肢体僵硬，就跳段舞；你不擅长讲笑话，就讲几个冷笑话……

朋友们会嘲笑你，会讽刺你，说你五音不全、四肢不协调，等等。但是，你会发现，这些一点儿也不影响朋友对你的评价。

❸ 把精力、注意力转移到有效评价上

过于在意无效评价，大都是因为不知道什么是有效评价，精力就此被分散。

当你通过第一种方法分析剔除了无效评价，接下来，可以列一下自己想要成为一个什么样的人。比如，业内呼风唤雨的人，或者聪慧稳妥的人……把目标列出来，分析一下要达到这一目标需要收获哪些有价值评价——就是你需要规划的方向。

当你的精力集中在自己的真实价值上，就不会把精力浪费在无效评价上了。

当摆脱无效评价以后，你会发现，整个世界变得大不一样，人生都会因此变得不同。

科学变美的 *100* 个基本

95

提升能量场：修炼正能量的5个关键词

❶ 甄别无效评价：不去在意对你毫无影响的评价

当你了解真实的评分系统是由哪些人构成的之后，只需要在意这些人给的评价就好。

有些人并不了解我们生活的全貌，也不了解真实的我们，不论他们出于何种意图而轻易地给出评价，我们都需要做到保持自我，保持清醒的自我意识。

❷ 不揣测恶意：不去恶意发酵别人不明确的行为

不恶意揣测，就是生活中不去放大别人意图不明的言行。多一些积极的心态，少一些自己凭空"捏造"的恶意，内心就会敞亮许多。

❸ 给自己和对方选择："你应该"变成"我需要"

其实，生活中很多的不顺心都是因为别人违背了自己的意愿造成的，当你说"你应该"时，对方和你自己都是没有选择权的。你可以试着换成"我需要"，让对方拥有选择权，同时自己也对结果不期待、不纠结，尊重对方的选择。

❹ 练习"拆商"：拆解事件、关系、情绪，训练理性系统

练习"拆商"可以提升我们的认知，并训练理性分析。比如，你今天发了脾气，不要简单笼统地定义为自己脾气不好，试着去拆解一下情绪背后的真正原因——到底是对自己不满还是对他人不满，还是说一直以来积压的情绪在此刻爆发出来了。

当明白了情绪产生的原因之后，就没那么容易被困扰，可以减少很多能量损耗。

❺ 万事有意思：处处都有美感，积极发现

当你学会热爱生活，觉得万事万物都很有意思时，就会积极地发现、感知生活中无处不在的美，你会发现你的能量场变得越来越正向，越来越开阔。

科学变美的 *100* 个基本

96

不要纠结：不无谓消耗能量

❶ 听厉害的人的意见

如果遇到纠结的事情，可以求助身边有经验的专家们，他们在某个方面比你强，是因为比你付出更多的时间去研究，在这方面听他们的意见往往能受益良多。

❷ 百分百对自己负责

做事情前，要想一想最坏的结果，看看自己能不能承担，不能承担就不要去做，能承担就可以去做。就算选择之后有风险，也不抱怨，不去自我消耗，并承担自己选择的结果。

❸ 了解事物的本质

多了解事物的"本质"，了解得越多，选择就会越快、越准。比如，你知道社会的运行规则是"交换"——付出你的成本，取得你的收益。你就不会在那些不用付出什么就能暴富、变美、变厉害等事情上纠结了。比如，你知道美本身是种综合感受，并不是指单纯的外貌体现，就不会只在五官、高矮胖瘦上纠结了。

很多时候，你感觉纠结是因为你看不到事情的本质。如果你知道事情的本质是什么，选择就会无比清晰。比如，你和闺密聚餐的目的就是想倾诉、聊天，那么安静的环境就比食物是否好吃更重要；找伴侣如果是为了相互扶持，共同对抗生活的琐碎，那么在一起感觉舒适就是核心。

现象太多就会让人感到迷惑，遇到事情时，多想想本质——本质往往很简单。当然，想要不纠结确实很难，但只要意识到没必要让纠结消耗自己的能量，就已经是治愈的开始了。

想象一下，当别人纠结要不要起床时，你已经吃好了早餐；别人纠结要不要出发时，你已经在半路；别人纠结该选择哪个机会时，你已经在创业……是不是突然觉得人与人之间的距离就是这样一点点拉开的？

97

保证变美之路不夭折：循序渐进，美并非一蹴而就

我见过很多姑娘，某天她们突然斗志昂扬地想改变自己——买了一堆穿搭书籍，收藏了很多妆容教导视频，拎回各种眼影盘、眼线笔……立志在一个月内让自己发生翻天覆地的变化。结果，第二天就因画不好眉毛给打败了，或者被他人善意的玩笑熄灭了变美的念头，变得沮丧。那么，该如何避免这种情况发生呢？

❶ 审美立场的评估

每个人对待"美"的看法都是不同的、主观的。喜欢看韩剧的人会觉得温柔的女性更美；喜欢看美剧的人会觉得独立的女性更美；喜欢可爱女孩的人容易被幼龄化打扮的姑娘吸引；喜欢优雅端庄的人则更容易被气质御姐吸引。

所以说，每个人的审美立场都是不一样的，不可能做到让每个人都满意。如果有人评价你今天的打扮不好看，要评估一下对方的审美立场，看一下是否跟自己的审美立场相冲突。

❷ 允许自己有变美的周期

很多人认为会打扮、会穿搭是自然而然发生的，其实并不是，形象的提升也是需要学习的。就像我们上小学的时候，加减乘除运算都觉得很难，上了初中就觉得很容易，这个过程需要时间和练习。

比如，刚开始画眼线时每个人都会手抖，都会画得不够好看。但是，只要你坚持下去，总有一天你能画出流畅的线条。

❸ 为自己设置起跑线

无论是学习什么技能，每个人的天赋、感觉都是不一样的。比如，对于很多美妆穿搭博主，可能她们天生的时尚感知力就会更强一些。要客观地认可这方面的差异，不盲目与别人比较，只与昨天的自己比较。只要今天的你比昨天更美了一些，就是在进步。

多为自己寻找这种正向反馈，让变美的热情永不熄灭。

科学变美的 *100* 个基本

98

提升运气的方法论：多想开心事，心想才能事成

❶ 嘴甜

很多人觉得嘴甜是"巴结人"或"势力"。其实，嘴甜是把自己感受到的美好说出来，将善意和感恩坦诚地说出来，不是说夸赞别人身上没有的东西。

嘴甜只是别人听着开心吗？其实自己也会很开心。想要遇到的都是好人，就要学会激发别人"好"的一面，提高自己与他们的共情力。

想过美好的生活，就从嘴甜开始，去尝试着表达自己看到的、感受到的积极的一面。

❷ 少糟心：拉高自己的"倒霉"线，从建立积极的语言体系开始

在我本人的语言体系里，很少出现"真倒霉"这个词。

怎样才能减少糟心的事呢？很容易，把自己的底线往上提一提。

很多人在日常生活中喜欢说"糟了""完蛋了"这样的话，但回头看看都是些小事。

我们应该给自己设置一些禁忌词，不要总说"完了""真倒霉"等贬义的词汇。这不是什么迷信，而是心理学里的一个说法——自恋引发的自我语言实现。

相反，你可以利用这种自我实现心理建立积极的自我暗示。比如，我总说自己老是遇到好人，但我难道没有遇到过恶人吗？当然有，只是我会默认有这样的概率，相信世上还是好人多，相信自己运气很好。

要相信，当你拥有积极的心理法则，好事自然会越来越多。

❸ 易达标：提高"拆商"，把控更多目标组件

"坏运气"多半与计划出了意外或者发生了变化有关。那么，怎样才能让计划顺利完成呢？

学过我的28天训练营课程的同学对"拆商"一点都不陌生，这是我提出的一个概念。在这里我还是想解释一下，拆商，指的是拆解事物重新组建信息的能力。比如，写文章这件事，有人凭才华写，有人凭运气写，偶尔也会出一篇阅读量很高的文章。但厉害的作者则会把"爆款文章"进行拆解，分析是什么原因令这篇文章成了爆款，比如，符合意识形态、有热点话题、文笔通俗直白、有金句分布在开头结尾等，然后再去把控每个环节的注意事项。这样，写出"爆文"的概率就会大大提升。

我们都想实现自己的目标或梦想，那么，我们就可以去把完成这件事的所有"组件"都找出来，一个个地完成。

也就是说，能把握越多的细节，你成功的概率就越大。

科学变美的 *100* 个基本

99

生机勃勃、兴致勃勃、野心勃勃：美的本质是能量之美

相信大家已经明白，美的本质是能量之美，而非外貌之美。

如果你在生活里能量场不足，颓丧、自卑，展示在外貌中也会身形佝偻、眼神暗淡，即使再白、再瘦、再精致，都很难让人产生美感。

相反当你的内心饱满、丰盈时，投射到外貌上的也是一副生机勃勃的样子。生机代表着生命力，要尽可能地让自己保持积极的能量场，兴致勃勃地去发现自己身边的美，感受音乐、电影、绘画等艺术之美。

保持一颗蓬勃的"野心"，勇敢地追求更好的自己，不被无用的评价拖累，不要求自己令所有人满意。接纳自己、欣赏自己，把自己的生活过得丰盛而美好。

努力清理自己的负能量，清扫内心的灰尘，让内心变得闪亮、发光。不苛责别人，同时也不苛责自己，正能量就会越攒越多。

当一种明智、通透、积极的光芒显现在你的脸上时，就会给他人以愉悦和向往的感觉，怎么会不美呢？所以，如果你在妆容、穿搭方面暂时无法取得质变时，那至少可以先让自己"生机勃勃"起来。

100

形象的改变是意识的改变：美的核心在于意识层面

❶ 改变自我认知

大部分人的形象问题其实都不是出在打扮的层面，而是意识层面出现了问题。

在这一小节内容里，我为大家总结一下形象的改变需要具备哪些意识层面的改变。

通过建立个人形象模卡，客观看待自己的先天硬件，明白自身硬件的优缺点。

如果天生是直线身材，就不要盲目地去追求曲线感；如果是可爱甜美的兔子型气质，就不要刻意去追求美洲豹型的强大气场。

此外，还要有积极的自我认知，要相信自己是美的。当你输出的能量场发生了变化时，你认为自己可以变好看，正在变

▲ 建立清晰积极的自我认知

290　　　　　　　　　　　　　科学变美的 *100* 个基本

好看，和你每天为自己的形象焦虑的那种状态是完全不一样的。

❷ 改变对物料的认知，以"我"为主体

当看到别人穿了好看的衣服或者佩戴了好看的饰品时，千万不要盲目地跟着买买买，而是要学会以自己为主体考虑购买。

先想想自己到底想给别人留下什么样的印象，然后倒推回去购买塑造自己形象的各种物料。这时，你会发现，形象不再是无奈的选择，而成了你可以说了算、可以自主去选择的一件事。

❸ 改变对形象的理解

形象不是单一外貌的展现，它更是个体能量场的综合表现。形象的改变需要我们多维度、系统性地去看待。

随着当下各种滤镜、美颜APP的盛行，还有整形技术的不断发展，各种各样的手法都能够打造出越来越多样的"美"，狭义的美已经变得不再稀缺，甚至大众对这种美已经开始渐渐麻木。

在有了这样的认识之后，我们如果想要改变形象，除了要养护、优化好容貌之外，更要懂得提升自己的能量场，给别人留下美好的整体感受。

"万水千山，行者必至"，当我们迈出行动的第一步的时候——也就是你有意识地去改变的时候。你会发现，获得一个好形象，其实远没有想象中那么遥不可及。